NEGOTIATING RATIONALLY

頂尖名校必修的
理性談判課

哈佛、華頓商學院、
MIT指定閱讀，
提高人生勝率的經典指南

麥斯・貝澤曼 Max H. Bazerman
瑪格里特・妮爾 Margaret Neale　著

葉妍伶 譯

各界推薦・好評迴響

市面上關於談判的書很多，我最喜歡的始終是這本輕薄短小的經典好書。沒有咕噥也不故弄玄虛，所有重要的原則都在裡面，看完之後還能牢牢記住書中的重點！

—— 馮勃翰（台灣大學經濟學系副教授）

談判是理性的心智活動。有人喜歡談判，認為那有鬥智的快感。但是什麼樣的談判才算是理智的？如何避免過度自信？如何克服贏家的詛咒？又要如何按部就班地準備談判，才能走出誤區，避免跌入陷阱？這本書能幫助我們，找到上面這些問題的答案。

—— 劉必榮（東吳大學政治學系教授）

現實中絕大多數的決策，往往都在「無意識」間完成，很多時候我們甚至沒有意識到自己在做選擇，這說明無論是日常生活消費、投資、企業營運，我們並非每次的決策都能保持理性。本書告訴你影響我們決策的各種心理因素，幫你更理性地做出思考，也避開各種人性上的陷阱。

—— Mr. Market 市場先生（財經作家）

投資也是一種談判。不小心就會陷入不理性的堅持，「輸」給想要「贏」過市場的心魔。遇到虧損時一味加碼求攤平、無視沉沒成本或設定停損點等，都不是聰明的決定。懂得「理性談判」才能找出最佳選擇，獲得最大利益。

—— 柴鼠兄弟（斜槓型 YouTuber）

有些人覺得談判就是要你死我活，盡其所能壓榨對方，但我不這麼認為。談判是創造更好的溝通與遠景，謀求彼此更大的利益。透過本書中的技巧，相信我們都能做到「談判要雙贏，理性要先行」。讓我們一起用理性談判，打造優質的談判場域！

—— 林長揚（企業課程培訓師／暢銷作家）

很多人以為談判就是氣勢的爭鬥，導致很多人想嘗試說服對方，最後生意沒做成，還讓人留下不好的印象。

但其實，談判是理性的思考，只為達到我們想要的結果。讓本書用豐富的理論和案例給你方法，讓你在不理性的世界，進行理性的談判。

—— 張忘形（溝通表達培訓師）

經驗是最「貴」的老師！從經驗學習談判，付出的代價不只昂貴，更可能致命！理性談判需要的是「專業」與「策

略」，才能視不同情境擁有「應變力」！本書提供扎實的談判學術研究與理論，讓「專業」與「經驗」相輔相成，則成功在望！

—— 陳雪如（Ashley 心理科學苑創辦人／諮商心理師）

為什麼要學談判？

作者開宗明義就告訴你「每個人都在談判」，談判不只出現在商場，任何人際間的互動，只要意見不合就會產生衝突，學會談判技巧就可以「理性地」與他人打交道，增進彼此的理解，進而達成協議，皆大歡喜。

本書的核心概念被美國西北大學凱洛格商學院採用，發展為最受研究生歡迎的談判課程。才花幾百元買一本書，就能與美國名校學生分享同樣的知識，這不是很棒嗎？

—— 白慧蘭（台灣微軟消費事業群資深行銷協理）

曾經陷入談判僵局而無法達成目標？又或是談到一半對手掉頭就走、離開談判桌？其實，那並非因為你的氣勢輸人一截，或道理不足以服人。就讓這本經典好書，助你成為一個有效解決問題的談判高手！

—— 鄭志豪（熱門談判課程「一談就贏」創辦人）

本書所提供的資訊，讓西北大學凱洛格商學院得以依據其思想主軸發展學校最受歡迎的課程。在我們的主管教育課程中，本書的理論落實在具體管理與執行上都相當傑出。這本著作結合了談判分析以及社會與認知心理學，為管理實踐提供了獨一無二的洞見。藉由本書所獲得的知識，我期待未來有一天能夠和兩位作者在更高階的談判場上交鋒！

　　—— 唐諾‧雅各布（Donald Jacobs，故西北大學凱洛格
　　　　商學院院長）

本書對高效談判有卓越的貢獻。兩位作者以他們非常廣泛的實際經驗所建構的框架，可以幫助讀者避免代價慘痛的談判偏誤。尤其書中對「贏家的詛咒」的探討，更是所有心中存有併購念頭的執行長們所必讀。

　　—— 阿佛列德‧拉波特（Alfred Rappaport，西北大學凱
　　　　洛格商學院榮譽教授）

本書從具有實務經驗的經理人取經，不僅明確辨析出談判者常犯的許多偏誤，並且提出明智的建議，讓讀者在避免自己犯下相同的錯誤之餘，還能從他人的錯誤中得益。

　　—— 霍華‧瑞發（Howard Raiffa，哈佛大學商學院榮譽
　　　　教授）

目次
CONTENTS

第二部　**談判的理性框架**

Chapter 1 在談判中理性思考

每個人都在談判。

很多人都認為談判是買家和賣家、勞方和資方之間才會進行的活動,其實談判有許多不同的形式,在日常生活中化解歧異、分配資源。談判發生在不同的關係裡——同事、伴侶、親子、鄰居、路人、企業,甚至國家之間。有些談判要面對面,有些談判則是競爭對手隨著時間推移不斷出招。在商場上,每天有數百萬場談判,大多都是在企業內部發生。

回想一下談判的經驗。對企業來說,有什麼比談判更重要?而要在談判中取得成功,又有什麼比釐清觀念、**理性**有效地談判更重要?這本書會告訴你要怎麼做到這點。

理性談判就是要做出最好的決定,獲得**最大**的利益。不過,我們在乎的不是「讓人點頭」。我們的研究證明,在很多情況下,完全沒有共識還勝過「讓對方點頭」。本書向上千位決策者取經,可以協助你判斷什麼時候達成共識會比較高明,什麼時候轉身離開才是上策。

理性談判就是要知道如何達成**最好**的協議。這本書會幫你避免兩敗俱傷的決策。

所有主事者普遍都有些決策盲點，讓他們看不到機會，沒辦法在談判過程中盡力爭取。這些錯誤觀念包括：

1. 不理性地堅持到底，有時候第一項行動方針已經不是最有利的選項了，但他們卻仍堅持下去。
2. 以為你要有所得，對方一定有所失，因此錯過了協調互利的機會。
3. 以不相關的資訊作為判斷情勢的基礎，例如對方剛開始談判時提出的第一個條件。
4. 過分受到資訊呈現的方式影響。
5. 過分依賴現成的資訊，忽略了相關數據。
6. 若能從對方的立場思考就能獲得些新資訊或新想法，但他們都沒做到。
7. 過度自信，誤以為能得到對你有利的結果。

把這七點放在心上，再來檢視以下案例。

1981 年，美國航空首度推出了哩程酬賓計畫，可說是航空業史上最創新的行銷方案。商務客（或其

他經常搭飛機的旅客）可以累積哩程，用來兌換旅遊獎勵。這個誘因原本是設計來增加乘客對美國航空的忠誠度，看起來或許是一個厲害的行銷策略，但是從談判的觀點來看卻很糟糕，後來證明這簡直是一場行銷與財務災難。所有航空公司起而效尤，紛紛推出自家的哩程酬賓計畫，競爭加劇後，每家公司開始為常客推出哩程兩倍送的活動，甚至可以用哩程換取飯店住宿或租車等。沒有多久，航空公司為了繼續競爭下去，能夠得到的利潤已經失控地銳減，還產生了鉅額的債務。到了 1987 年 12 月，達美航空宣布所有使用美國運通卡購買機票的乘客，1988 年全年度的哩程都可以變成**三倍**。分析師估計，航空公司當時積欠乘客的免費飛行哩程價值，約為 15 億至 30 億美元。航空公司要怎麼終結亂象？

美國汽車業在 1986 年也經歷過類似的競爭戰，或許能提供參考答案。美國三家汽車公司當時都陷入貼現折扣戰，原本是希望能夠增加銷售量和市場占有率。結果每家公司提供的補貼金額在短時間內節節上升，只要其中一家大廠提高金額，另外兩家就立刻跟上，三家公司能獲得的利潤都沒了。除此之外，每一家公司又各自祭出折扣優惠來代替補貼，折

扣戰的競爭再次變得激烈起來。到了最後，根本是賣一輛賠一輛。就連不會經商的人都看得出，賠錢生意做再多也不會賺錢！

企業要怎麼逃出致命的螺旋，又不會拱手讓出市場呢？

當時身兼克萊斯勒汽車公司執行長與總裁的李‧艾科卡（Lee Iacocca）想到了對策。他向媒體表示，三大車廠的優惠方案都將到期，雖然克萊斯勒無意繼續，但若另外兩家決定延續戰火，他就會加碼奉陪，把他們給比下去。艾科卡要告訴福特和通用汽車的是：克萊斯勒提出停火協議，但如果其他人不配合，就別怪他強力報復了。福特和通用汽車聽懂了，於是補貼折扣戰也告一段落。

如果美國航空或聯合航空，在達美航空宣布提供哩程三倍的優惠之前，做出像艾科卡那樣的聲明，會怎麼樣呢？那麼達美航空很可能會發現，哩程三倍的優惠根本賺不到什麼錢。可是航空公司無法理性談判，因為他們不像艾科卡，他們沒考慮到對手可能會做什麼決定。艾科卡的談判策略很明確地管理了對手的決策，而航空業者卻忽略了對手的決定，結果債務大幅增加，有些人估計債務金額高達 120 億美元。西北航空商務旅遊行銷主管馬克‧雷錫克（Mark Lacek），在回想 1988 年的三倍哩程事件時嘆道：「這根本是自殺式行銷。簡直瘋了。」《財星》雜誌也說：「在行銷史中，脫軌程度最狂的莫過於航空公司相互祭出的哩程酬賓優惠。」

你將會發現：本書分析了為何許多主事者會犯下像航空公司一樣的錯誤，以及有些人——就像汽車產業裡的那幾位——又是如何避免災難降臨；最重要的是，本書將告訴你該如何解決自己的談判問題。不管是企業間的大規模談判，或是和共事夥伴或所愛的人一起做出艱難的決定，我們都會教你如何理性且有效地解決這些問題。我們將會引導你利用不同的思考過程，來減少航空業案例中「競爭的不理性」。

坊間有很多教談判的書，但是良莠不齊。本書則不僅以我們的學術經驗為基礎，還有對數千位主事者——他們每天要為談判做出無數決定——的近距離觀察，我們把案例研究所得的資訊都整理在這本書中。

本書不講象牙塔的理論，而是我們挖掘出來的資訊，讓想要真正更有效率的管理者能更實際地應用。

就算是聰明又成功的人，在談判時也會犯錯。沒有書可以讓你變成毫無瑕疵的談判高手，但是如果對「理性談判」有更清楚的了解，你就能更有效地談判。為此，我們要介紹兩大策略，來增強談判的效果。第一項策略會讓你看清談判中常見的錯誤；第二項策略則會幫助你消弭這些錯誤，並提供更清楚、直白的架構，讓你成為更理性的談判者。

在談判過程中，主事者最能直接掌控的就是決策方式，對手是誰、議題為何還有談判環境等，往往都超出所能掌控的範圍。與其設法改變這些因素，你該做的是強化自己的能

力，做出更有效、更理性的決策——**更聰明**地談判。

心理上的限制也會影響談判者的能力。我們也需要透過心理的角度，來妥善預測對方有可能採取的決策與後續的行為。我們會在接下來的幾章揭露，不同的因素——例如架構問題、處理資訊、呈現處境、評估選項的方式等，會如何影響你的判斷，限制你的能力。

談判這件事，既富有挑戰性，又讓人感到興奮。每個人都應該磨練自己，讓談判成為你最強大的武器。本書所提出來的想法，會讓你進化成前所未見的談判高手。

第一部

談判時
常見的錯誤

Chapter 2 | 不理性地堅持到底

　　人常常做出和自身利益不一致的行為，常見的一種錯誤就是不理性地堅持一開始的行動方案。我們先以**坎波─聯合百貨併購案**為例來說明。

　　1987 年，名列《財星》雜誌「50 位最有趣的生意人」之一的羅伯特・坎波（Robert Campeau），想要併購全美國獲利最豐的布魯明戴爾百貨，一是為了這間百貨的價值，二是這品牌可以為他打算建造的商場增加吸引力。於是在 1988 年 1 月 25 日，他向布魯明戴爾的母公司聯合百貨發動惡意收購。

　　坎波和梅西百貨就此展開了高調而公開的競標戰，並成為史上規模最大、最為人所知的零售併購案。到了 3 月 25 日，《華爾街日報》觀察：「我們面對的不是價格戰，而是自尊的拚搏。現在雙方都開出了天價，遠超過任何人的期待。」這場戰爭繼續延

燒，但是聯合百貨的價值卻開始下降，因為主管紛紛出逃，採購與宣傳的支出計畫都崩解了。

3月31日，梅西百貨眼看就要獲勝，坎波卻在最後一刻提出：只要梅西願意出售布魯明戴爾與伯丁斯，就可以贏得整個聯合百貨集團。但是梅西拒絕了這項提議！

坎波報復的方式就是在梅西出的價格上加碼5億。坎波這個不理性的行動讓他贏得這場戰役，卻輸掉了整場戰爭。1990年1月，他就宣告破產了。

上述案例是許多併購戰常見的情節。不計任何代價就是要「贏」的欲望，讓理性的談判策略無法發展出來。這種不顧一切的輕率態度，也往往會讓買家在併購過程中賠錢。很多人認為併購可以整合資源，放大綜效，可是受益的往往是被併購的一方，而不是出錢併購的公司。

麥斯威爾（Maxwell House）和福爵（Folgers）為了搶奪美國咖啡市場的優勢，已經爭鬥了十年之久。雙方競相花大錢祭出優惠，光是1990年一年之內，就花了1億美元打廣告，約是三年前的四倍。這種激烈的競爭壓低了價格，已經嚴重到會傷害整個產業的地步，而且麥斯威爾和福爵的市占率都沒有明顯增加。

同樣類型的競爭相當普遍，這場咖啡戰的情節也是可樂戰（百事可樂對可口可樂）與相機戰的情節（拍立得對柯達）。每家公司的目標都是要打倒對手，而不是讓整個產業獲得更多利潤。明明其實有資訊可以用來理性地結束衝突，兩邊卻都堅持最初的戰術，於是大災難隨之出現──坎波破產了，美國咖啡企業也繼續因為機會成本而賠掉了數百萬美元。就算衝突並不會導向決策者想要的結果，他們卻往往心想只要再加一點籌碼，最後就能贏得全局，於是陷入過於執著的境地。

我們把**不理性的加碼**定義為：儘管理性分析不建議繼續採行原本所選用的戰術，卻仍一意孤行。搞錯方向的堅持會浪費不少時間、能量和金錢，方向正確的堅持才會有收益和報酬，理性分析將讓你學會如何分辨兩者的差異。

你一定要先認清：已經投注下去的時間和金錢是「沉沒成本」，**無法**回收，所以**不應該**在選擇未來戰術的時候考量進去。你的參考點應該是當下。只要評估你面臨的選擇在**未來**的成本和收益就好，逝者已矣。

這個觀念並不容易吸收。主事者一旦選定了戰術，就會分配資源去證實他們之前所做的選擇沒錯，而不管這些選擇現在是否還合用。這個傾向存在於金融和軍事的場景裡，也存在於我們日常管理的經驗中。舉例來說，當主管聘雇了一位員工，無論其表現如何，主管都會更認真地與他協調，更

偏袒地評估他的表現，也會提供比較多的獎勵，甚至在預測其未來時會更為樂觀，這些都是為了證實該主管當初聘雇這位員工的決定是正確的。

20元美鈔的競標

假設你和另外 30 人在會議室裡，有人從口袋裡拿出 20 元美鈔，然後宣布：

我要拍賣這張 20 元美鈔，你可以選擇要參與競標或是旁觀。每個人都可以投標，每次增幅以 1 美元為單位，如果沒人往上喊，那喊出最高金額的人就得標了，可以用他喊出的金額贏得這張 20 元美鈔。和一般拍賣不同的地方是，即使競標金額第二高的人無法贏得這張鈔票，他還是要付出標金。假設比爾出 3 美元，珍妮出 4 美元，然後沒有人再繼續往上喊，那麼珍妮就獲利 16 美元（付 4 美元贏得 20 美元），比爾則要給我 3 美元。

你會願意用 1 元起標嗎？（請先做好決定再往下讀。）

我們曾經和投資銀行家、顧問、醫師、教授、六大會計師事務所合夥人、律師以及各行各業的總裁，玩過這個競標

遊戲。拍賣節奏迅速又激烈，馬上喊到了 12 至 16 美元。到了這個階段，就只有前兩名會繼續競標，其他人都退出了。這兩人此時就發現自己陷入了圈套。如果有個人喊 16 美元，另一人就會喊 17 美元，那喊 16 美元的人若不是以 18 美元競標，就是要賠 16 美元；再標下去，逼對方放棄並獲得小額獲利似乎比損失更為誘人，於是他就會喊出 18 美元。當標金來到了 19 或 20 美元，讓人意外的是喊出 21 美元的理由和之前一模一樣——你要接受付出 19 美元什麼都沒拿到，或是付出 21 美元獲得 20 元美鈔，減少損失。當然，當標金超過 20 美元的時候，所有人都會爆笑歡呼，幾乎毫無例外。很顯然，參與競標的人都表現得很不理性。人們為什麼會不理性地出價呢？

讀者如果不相信，可以找朋友、同事或學生玩玩看。最後標金經常落在 30 至 70 美元之間，而我們最成功的拍賣經驗則是用這 20 元美鈔換得 407 美元（前兩名分別出價 204 與 203 美元）。過去四年內，我們靠這拍賣遊戲就賺了超過 1 萬美元。

馬丁・舒比克（Martin Shubik）所發明的這個競標鈔票的範例，可以幫助我們理解為什麼人們會堅持原本的策略，增加籌碼。玩遊戲的人很天真地開始競標，沒想到標金會超過這張鈔票真正的價值（20 美元），畢竟，誰會想要花超過 20 美元去買一張 20 美元的鈔票？潛在收益與「贏得」拍賣

的可能性，就足以吸引人進入戰局了。一旦開始競標，投標者只要多花幾塊錢就能留在局裡，不必接受必然的損失。這個「道理」加上自己需要明確合理化一開始投入戰局的理由，就會讓人不斷加碼。

顯然，有人加碼就會有問題。投標的人可能會覺得，只要再加碼下去對方就會放棄了。如果**兩邊**都這麼想，結局就會很恐怖了；但正是因為不知道對方會怎麼想，繼續競標下去顯然是沒有錯的。投標者要怎麼解套呢？

關鍵就是：看清楚整場拍賣就是一個陷阱，打一開始連最小金額都不要投入。成功的主事者一定要懂得看出陷阱。有個策略是，試著思考其他決策者會做什麼決定。在競標的過程中，這個策略會讓你很快就知道拍賣很吸引你，也很吸引其他人。理解這一點之後，就能預測接下來的發展，明哲保身。商場、戰場和我們的個人生活裡，都有類似的陷阱。以波灣戰爭為例，伊拉克的領導者海珊其實握有追求理性和解的重要資訊，但是攻打科威特這項初期「投資」讓他跌入了陷阱，接下來他只好不斷加碼，堅持絕不妥協。

兩間加油站打起價格戰後，可能也會發現自己陷入了競標的陷阱中。假設汽油每加侖 1.3 美元，你的競爭對手想把你逼走，你也想把他逼走。他降價到每加侖 1.25 美元，你降價到每加侖 1.2 美元，這已經是損益平衡點了。當他又降價到每加侖 1.15 美元時，你下一步會怎麼做？你可能為了贏得

價格戰而承受龐大損失，你們就像在競標鈔票一樣，雙方都不可能靠價格贏得這場競賽。

為什麼會一直加碼？

為了終止不理性加碼的行為，你一定要理解這種行為背後的心理因素。當投入一項行動時，這份決心就會影響你的觀察與判斷，讓你為了管理他人對自己的印象而做出不理性的決定，最終走上了好勝的螺旋梯。

偏頗的觀察與判斷

當坎波決定要收購聯合百貨集團時，他可能會研究支持這項決定的相關資料，而無視反對這項決策的資料。大部分的人都會這麼做。要發現這個「求證陷阱」很容易。假設你做了某個初步決定（例如買了一輛新車、雇用一名員工、開始研發新的產品線），你會不會在做出最終決斷前，尋找資料來支持自己？多數人都會；你會不會找資料來質疑這個決斷？多數人不會。通常一旦下決心要投入一項基本策略，就很可能會產生偏見，眼中只看得見對自己有利的證據。

一定要發現自己的偏見，並謹慎搜尋正反雙方的資料，

建立監控系統來檢查你的觀察，再做出判斷或決定。例如，客觀的局外人可以協助你減少或消除偏見，讓你正視反對這項決定的資訊。

初期的決定除了會限制你的洞察力，也會影響後續的判斷。也就是說，談判中的主事者往往會產生某些期望，以合理化他們一開始所採取的行為。初期投資所導致的損失（例如用 21 美元去標一張 20 元鈔票）會影響判斷，讓人繼續競標。例如坎波便認為企業在合併以後會蓬勃發展，這項偏誤的判斷讓他覺得繼續競標下去非常合理。

印象管理

就算坎波知道聯合百貨集團不值得砸下那麼多錢，他還是得維護他的名聲，他背後還有許多重要的股東。或許輸給梅西面子會掛不住，所以坎波無法接受。我們不只會選擇性地理解資訊，也會選擇性地提供資訊給其他人，因此人們偏向提供支持自己決策的資訊。或許坎波提供給股東的資訊，都證實了他的併購策略很合理。

人們都不想承認失敗。他們想要讓別人覺得他們言行一致，說到做到，所以下一步就得要支持上一步。我們的社會強化了組織和人際互動都要言行一致的價值。巴瑞·史托（Barry Staw）和傑瑞·羅斯（Jerry Ross）認為人們喜歡言

行一致，而非前後不一的主事者。針對美國總統卡特就職一年後的民調顯示，最讓人不滿意的第二個理由，就是卡特的行為前後不一。甘迺迪在其著作《正直與勇敢》中也表示，政治人物最勇敢的決定，就是儘管選民可能不會喜歡，他還是要選擇對整個選區最有利的行動。從這裡可以看得出來，如果接下來的選擇無法延續原本的決定，那麼衝突將會愈發嚴重。

　　於是就會有很矛盾的結果：要為組織做出最好的選擇，就表示要忽略過去的承諾，根據未來的成本與獲益做出最好的決定；但是，如果堅持過去所做的糟糕決定，可能會給人很好的印象，讓人覺得你說到做到。組織必須要開創獎勵優秀決策而非有效的印象管理的嶄新制度。首先，承擔責任的人必須要讓大家知道，為了維護印象而犧牲高品質的決策是絕對行不通的，無法容忍。第二，組織必須建立獎勵系統，讓員工的價值更接近組織的價值。簡單來說，如果組織想要主管做出良好的決策，那麼一定要讓他知道，唯有做出良好的決策，未來職涯才有最好的發展。

　　《追求卓越：探索成功企業的特質》一書的作者畢德士和華特曼，在討論亨氏實驗「完美的失敗」時，就表示要以過程而非結果來評估決策。「完美的失敗」這個概念承認許多決策本來就有風險。事實上，他們還說管理階層應該要知道一場失敗可以帶來多少學習的機會，並且在失敗的時候慶

祝！核心重點就在於：一定要學會如何找出好的選擇，而不只是好的結果。

競爭的不理性

雙方對於期待的結果都表現得很不理性，但是又很難辨別究竟是什麼行爲不理性，這就稱爲「競爭的不理性」。很多人會說：「光是參與 20 元美鈔的競標就很不理性了。」這或許很合理，但並不完全正確。如果你覺得沒道理下場，那任何人都沒道理下場；可是如果都沒有人下場，你就可以用小錢贏大錢了。這聽起來很有邏輯，但只要有人出價，別人就會跟著出價，於是我們所說的陷阱就出現了。

我們之前說過，是否繼續競標，決定在你認爲別人會不會罷手；很顯然，對方也會有同樣的推論。如果有人可以用 1 美元贏得 20 美元，那麼第一個競標的人就是很理性的。只不過，你也知道當其他人也這麼想的時候會發生什麼事，所以在很多情況下，競爭的不理性是個解不開的矛盾，無法解釋加碼的動機。你要記得的是：如果沒有充分地考量其他人將會採取什麼行動，很多看起來像是機會的情況，其實都是陷阱。

Chapter 3 | 搶食大餅的迷思

　　最好的談判結果是談出每個人都滿意的決定。這樣的共識相當罕見，比較常見的成功談判往往是互相交易、協調，各方都拿對自己比較沒有價值的部分換取更多價值。因為在一場談判中，各人對於不同的議題通常賦予不同的價值，所以互相交易可以盡快化解衝突，達成共識。

　　通常只針對一項議題，並把這個議題當作一塊大餅，只要其中一方有所得另一方便有所失的，稱為**分配型**談判。舉例來說，在市集裡討價還價就是一種分配型談判。不過，在多數的衝突中，要考慮的議題往往不只一項，每一方對不同的議題又賦予了不同的價值，所以談判結果就不是如何分配大餅而已。而其實在這種情況下可以找得到對兩邊都好的共識，比分配型談判的結果更好，這種談判稱為**整合型**談判。

　　多數人在談判中找不到互利的交換方式，因為各方都**以為**自己的利益會和對方的利益產生**直接**衝突，這種「有利於對方的必然不利於我們」的觀點是多數人都普遍具備的，這

種心態稱為「大餅迷思」。

假設你想在星期五傍晚和情人一起吃飯看電影，但是你們想要去的餐廳和想要看的電影都不一樣。在這個時候，很容易就會陷入分配型談判的觀點，以為如果做了某個選擇就一定會犧牲對方的心願，然後兩個人就必須要妥協。但是如果不要將這種情況看成是一塊大餅，仔細思考每個選項的價值，很可能會發現自己比較在乎的是吃，而對方比較在乎的是電影的決定權。這樣一來，你就可以為這場約會找到晚餐與電影的理想組合，而不是只有妥協。這就是整合型共識。

商業談判中通常也有機會能讓雙方互利。讀者可以思考以下問題：

有一間大型企業想要友善地併購供應商。雖然雙方都認同該供應商如果加入這個企業會更有價值，但是他們卻無法完成併購。這間企業開價 1,400 萬美元，但供應商堅持至少要 1,600 萬美元才能成交。價格無法妥協，雙方也都無法接受 1,500 萬美元的價格。

既然他們都認為供應商加入該企業會更有價值，為什麼無法接受 1,500 萬的金額呢？原因出在雙方對供應商的高科技、高風險新創部門有不同的評估。企業認為這個新創部門只值 100 萬（含在 1,400 萬的開價裡），但供應商則認為這

個部門可成功開發出新產品，因此值 600 萬。當他們發現這個議題可以切割的時候，就找到解決方案了——企業以 1,200 萬併購供應商，但供應商的原經營團隊可以完全控制新創部門。對企業來說，這個協議優於用 1,400 萬買下全公司；對供應商來說，這個協議比把整間公司用 1,600 萬賣掉更好，因爲他們仍然持有價值 600 萬的新創部門。

談判不僅僅只是一場搶奪誰能拿到多少大餅的爭鬥。在談判過程中，各方擁有不同的考量，但他們卻很少評估每一項利益孰輕孰重。如果在談判之前先釐清輕重緩急，就能找出有效的交換條件，在比較不重要的議題上讓步，爭取更重要的利益。

很多人把競爭最激烈的狀況詮釋爲成敗之爭，畢竟我們的社會長久以來透過運動賽事、升學考試、升遷選拔等，不斷強化我們搶食大餅的觀念，很多人便把這種心態帶到未必要爭輸贏的情境裡。當我們既需要合作也會有競爭的時候，好勝心會主導我們的思維，導致我們用分配定量利益的方式去進行協議。這就限制了我們透過創意去解決問題的能力，然而我們需要創意才能發展出整合型的解決方案。

很多人無法解決問題，是因爲他們有先入爲主的觀念。以下面這個測試爲例，你要怎麼一筆到底，用最多四條直線將這九個點連在一起？

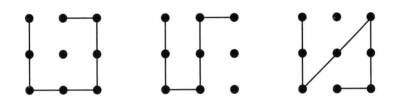

一般而言，都會想要這樣畫：

多數人都會運用合乎邏輯的決策技巧，來處理他們**接收到**的題目：如何把九個點連在一起，又不能超出預設的邊界？很多人都會**先入為主**地框住這個問題，反而遍尋不著解答，**這是用創意解決問題時最關鍵的障礙**。很多人對問題有錯誤的預設觀念，用自己建立好的期望去限制這個問題。不過，有效的**創意解法**往往在這些自我設限的成見之外。

以這題來說，只要放棄了預設的**邊界**，就能輕易解決這個問題了：

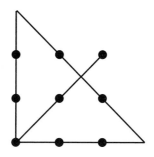

談判在某方面來說就是用創意解決問題。要「把點都連在一起」，一定要放棄大餅迷思，開始尋找交換條件。如果肯用心，交換的方式其實很容易找到；但如果用錯誤的觀念看待對方的利益，那就很困難了。

美國南卡羅萊納州議員佛洛伊德・史班斯（Floyd Spence）在談到戰略武器限制談判條約（Strategic Arms Limitation Talks, SALT）的提案時，就很明顯地呈現了大餅迷思的普遍程度及其破壞力：「對於戰略武器限制談判，我一直認為：如果這條約不符合俄國人的利益，他們就不會接受這個條約；但對我來說，只要符合俄國人的最佳利益，那就不可能符合我們的最佳利益。」他認為只要對蘇聯好的一定對美國不好，這就很清楚地呈現了大餅迷思。事實上，許多政治專家不管位處政治藩籬的哪一邊，都認為美國和蘇聯

已經發展出了合作的關係，對雙方都有利。

　　大餅迷思在商界一樣普遍。1985 年下半年，過去當過太空人的美國東方航空公司總裁法蘭克‧波曼（Frank Borman）很清楚公司糟糕的財務狀況，所以向技師、機師、空服員這三大工會提出了最後通牒──如果他們不同意大幅減薪，他就會賣了公司。工會沒把他的話當真，因為他們的有效合約可以延長，而且他們不相信波曼會放棄公司的經營權。可是當波曼開始和法蘭克‧羅倫佐（Frank Lorenzo）對話時，工會就緊張了。羅倫佐是令業界聞風喪膽的總裁，曾經在大陸航空和工會對著幹，是出了名的冷血無情獨裁者。唯一的問題是，波曼其實不想把東方航空賣給羅倫佐，這樣一來他在東方航空的生涯將有個不堪的句點。「更何況，」《美國商業週刊》的亞倫‧伯恩斯坦（Aaron Bernstein）說，「如果波曼放棄了東方航空的主導權，57 歲的他也沒有其他地方能去了。」

　　雙方一開始討論，羅倫佐就向董事會出價，逼他們開始考慮賣掉公司，唯一能拯救東方航空的方法就是三大工會都同意大幅減薪。機師與空服員工會都同意減薪 20%，但技師工會由好戰的查理‧布萊恩（Charlie Bryan）領軍，只願意接受減薪 15%。波曼要求減 20%，雙方都不肯退讓，兩邊都說另一邊不退讓就會毀了整家公司。他們進入了懦夫賽局，而誰都不想當懦夫。羅倫佐的提議期限將至，波曼和技師工

會之間毫無共識，董事會便接受了羅倫佐的出價。

波曼和技師工會造成了這個結果，過程有多麼不理性非常明顯。羅倫佐買下東方航空後強迫減薪、裁員，最後毀了這家公司。

為什麼東方航空會賣給羅倫佐？主要原因是波曼和布萊恩都以為這場談判是在搶食大餅。雙方談判的方式都是以為要有所得，對方一定要有所失。他們從來沒有認真考慮過對雙方都有利的談判策略。他們承受了龐大的壓力，可是這其實表示他們更應該找到雙方都能夠受惠的解決方案。他們被預設立場限制，最後走入僵局，永遠沒找到讓兩邊都受益的整合型交換條件。

陷入大餅迷思的人找不到雙方互惠的交換條件。但如果雙方對特定議題有一致的看法時，會發生什麼事？例如，一家企業希望員工受更好的訓練來增加工作彈性，而員工希望受更好的訓練來增加就業安全。心理學家莉‧湯普森（Leigh Thompson）發現，就算兩邊都想要一樣的東西，他們往往還是會導出不同的結果，因為他們以為自己一定要妥協才能有共識。「如果我想要更多訓練，他們一定不想讓我接受更多訓練。」這就會導致湯普森所說的「不相容的偏見」——誤認為雙方的利益絕對不能相容。

湯普森在一場模擬談判中設置了八項議題，其中兩項相

容——談判雙方有共同的目標。如果能夠理性思考，那根本就沒有談判的必要，可是有 39% 的談判沒辦法在這兩項相容的議題上找出讓雙方都滿意的結果。除此之外，就算有了共識，也沒有人發現對方其實也因此而受惠。在談判中，這樣的誤會可能會讓主事者信心膨脹，過分相信自己的說服力或議價能力。

大餅迷思也會讓管理階層「因人廢言」，認為對手提出來的方案價值比較低。康妮・史提林格（Connie Stillinger）和她的同事把 137 名受試者分為兩組，問他們軍備裁減的提案對美國有利還是對蘇聯比較有利；一組得到的（正確）資訊是這個提案由戈巴契夫起草，另一組得到的資訊是提案來自雷根（這項研究是在他任內進行的）。

在戈巴契夫組裡面，有 56% 的人認為這明顯對蘇聯比較有利，只有 16% 的人認為對美國有利，認為對雙方都有利的人則占 28%。

在雷根組裡面，有 45% 的人認為對雙方都有利，27% 的人認為對蘇聯有利，27% 的人認為對美國有利。

就算是平等的條件，如果是自己人提出來的那就比較有利；如果是對方提出來的，對我們就比較不利。這是在大餅迷思下蘊藏的思考瑕疵——對他們好的就一定對我們不好。

很多人常常會問：「我們在談判中應該先討論什麼？」

有些人認為要先解決最重要的議題，因為「其他議題都只是在拖時間」；在勞工關係裡，很多有經驗的談判人才會建議「先從簡單的議題開始」，這是勞資談判裡約定俗成的步驟。很可惜，這些都不是好的建議。這兩種策略都刪除了潛在的交換條件，於是無法讓雙方都得利。議題一旦解決，就很少會再拿出來當作交換條件。

先解決簡單或棘手的議題，這種建議還是很多人採用，因為人們仍懷有大餅迷思的心態。可是當雙方對議題賦予不同的價值時，一定要面對不同的「組合」才能同步討論不同的議題。後文會討論要怎麼建立整合型共識，現在，我們只希望你注意談判決策中的大餅迷思有多麼普遍。

Chapter

4

定錨與調整

　　剛進入談判時所採取的姿態和定位，會受到很多因素所影響。談判要進行下去，兩邊都一定要在過程中不斷調整定位，最終走向共識或僵局。初始的定位就像錨點，會影響各方如何看待之後有可能會走向的結果。

　　我們在前一章敘述了大餅迷思如何導致東方航空被法蘭克‧羅倫佐收購。羅倫佐自己偏誤的定錨與調整方式，則讓他最後被東方航空趕了出去。

　　當羅倫佐在 1985 年收購東方航空的時候，他認為這家公司要轉虧為盈最快的方式就是減少人力支出；但是技師、機師與空服員工會都拒絕提出合約，重新協商。與此同時，羅倫佐的目標似乎從「為了東方航空的經濟體質減少人力支出」變成了「發動聖戰，不計代價都要擺脫工會箝制」。在羅倫佐試圖擊潰技師工會的同時，東方航空平均每天損失 100 萬美

元。他的手段讓東方航空從第三大航空公司跌到第七名，到了 1989 年 3 月，東方航空聲請破產。

最後，羅倫佐願意考慮賣掉東方航空，並認為前美國職棒大聯盟主席彼得‧尤伯羅斯（Peter Ueberroth）是他唯一能接受的買家；賣給工會，或是像環球航空公司執行長、人稱企業狙擊手的卡爾‧伊坎（Carl Icahn）這樣的對手，都會讓羅倫佐心裡過不去。尤伯羅斯和德克索投資銀行（Drexel Burnham）共同提議出價。羅倫佐同意以 4 億 6,400 萬美元出售東方航空：2 億現金、7,900 萬為東方航空的機場登機門與飛行時段等資產，另外 1 億 8,500 萬則是豁免了德州航空欠東方航空的債務。雙方達成口頭協議之後，羅倫佐卻出爾反爾提高了價碼，要求再增加 4,000 萬，於是尤伯羅斯撤銷了原本的提議。

尤伯羅斯其後經過說服又回到談判桌上，原本能確保工會配合，可是買方的報價經過修正後送到董事會後，羅倫佐卻又增加了九項議題。到了這個時候，交易終於破局。

東方航空的價值繼續下跌。承辦破產案的法官決心要賣掉這家航空公司。兩個月後，喬瑟夫‧傑‧李奇（Joseph J. Ritchie）有興趣買下東方航空，工會也向羅倫佐出價。工會提出的價碼顯然沒有尤伯羅斯

的高，但還是值得討論；李奇打算從工會的價格開始談判，可是羅倫佐説東方航空當時的價值比尤伯羅斯的出價更高，所以李奇至少要出和尤伯羅斯一樣的價錢才有機會開始討論。很明顯，羅倫佐不會考慮以李奇的價格賣掉東方航空，但是同樣明顯的是「僅僅飛了幾個月的航空公司比停飛好幾週時更有價值，這種説法太過荒謬」。羅倫佐無法和李奇達成共識，也無法讓東方航空復航，於是法官下令將羅倫佐逐出東方航空，並褫奪他的控制權，由法院指派的托管機構來代替。

之前出的價碼會有深遠且強效的影響。羅倫佐以尤伯羅斯出的價格作為錨點，導致他最後必須離開東方航空。他以那個錨點為基礎，不願意大幅調整東方航空的估值，雖然他最後瓦解了工會，卻把東方航空也賠了進去。

如果人們要去估算一項未知或不確定物品或事件的價值，通常會以開價作為錨點，再從該處開始調整。這些錨點通常都是根據相關或不相關的手邊或策略資訊來決定，而且經常會限制理性談判的能力。

有一項評估八大會計師事務所（現在是六大）（編按：2002 年後則是四大）裡稽查員所做決定的研究。其中一半的稽

查員拿到了以下問題：

眾所皆知，就算有很嚴謹的會計稽查，還是很難發現管理階層的詐騙案。當然，原因就在於通用的審計標準並不是設計來偵查這類的詐騙行為。我們想要知道，根據執業稽查員的評估，管理階層的詐騙案有多普遍，進而釐清這個問題的規模。

1. 根據您稽查的經驗，在八大會計師事務所的服務對象中，管理階層詐騙案的比例是否高於每 1,000 家企業中有 10 位（即 1%）？（圈選答案）
   · 是，每 1,000 個八大會計師事務所的客戶中，會發現超過 10 件管理階層的詐騙案。
   · 不，每 1,000 個八大會計師事務所的客戶中，會發現少於 10 件管理階層的詐騙案。

2. 您認為，在每 1,000 個八大會計師事務所的客戶中，會有多少件管理階層的詐騙案？（請在下方欄位填入數字）
   · 每 1,000 個八大會計師事務所的客戶中會有 ___ 件管理階層的詐騙案。

另外一組稽查員也拿到了同樣的問題，只不過他們被問到的是每 1,000 個八大會計師事務所的客戶中，會發現的管

理階層詐騙案是多於還是少於 200 件。

第一組稽查員平均估計 1,000 個客戶裡會有 16.52 件管理階層的詐騙案，第二組則認爲是 43.11 件。這些專業稽查員都被定錨與調查的不理性效應左右了。

稽查員拿到的問題中，用來當錨點的數字完全沒有任何有意義的統計撐腰。如果這種任意挑選的錨點都能影響價值判斷，想想看其他和議題相關的錨點會有多大的影響力。接下來，我們將檢驗在房地產的談判中，常見的錨點 —— 屋主出價 —— 會有什麼影響。

在談判中以對方出價作爲錨點

我們透過仲介公司的協助，找到了一間剛釋出的房子，並請幾位房仲前來估價。我們請教了另一群房仲，在替房地產估價時通常需要哪些資訊，讓我們知道房仲如何精準鑑價；而他們說如果出價與鑑定價格相差超過 5%，由於這種情況很罕見，所以很容易被識破。

爲了提供房仲所有估價時需要的資訊，我們提供了 10 頁的文件，包括：

1. 該房產在開放房源系統中的敘述；

2. 開放房源系統中過去六個月內全市與該住宅區的銷售
   紀錄;
3. 公告價、面積和其他特色,以及同住宅區裡其他房產
   的資訊:目前出售的房產、近日售出的房產、近日售
   出但尚未完成交易的房產,以及滯銷的房產等;
4. 同一個住宅區裡,其他待售房產在開放房源系統裡的
   資訊。

　　我們把這些文件分給四組房仲,其中修改了兩項資訊。
鑑價師評估房價之後,我們拿掉了平均價格,並且把屋主的
出價分別訂為高於鑑價12%、高於鑑價4%、低於鑑價4%、
低於鑑價12%,再根據出價調整每坪的售價。

　　當房仲(依照正常工作流程)來估價的時候,我們提供
了資料,並要求他們評估:

1. 這間房子的鑑定價格;
2. 這間房子的合理出價;
3. 這間房子的合理買價;
4. 如果他們是賣方,能夠接受的最低出價。

　　我們也請他們在清單中標示出估價時會考慮的相關因
素,並簡短說明他們是如何推算出這四個價格的。

當分析房仲所提供的資料時，我們發現了非常有趣的結果。如圖表 4-1 所示，屋主出價明顯影響了他們的估價過程——如果出價偏高，他們所估出來的四個價格都會偏高；如果出價偏低，他們所估出來的四個價格都會偏低。

圖表 4-1　以出價作為錨點的房地產估價圖

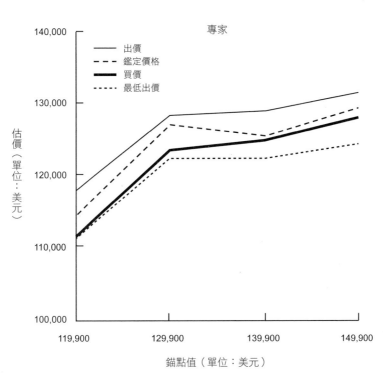

當我們想要理解他們認爲自己是參考了什麼資訊的時候，另一個有趣的模式出現了。雖然屋主出價顯然影響了房仲評估的價格，有 19% 的房仲提到他們考慮了屋主出價，只有 8% 的房仲說屋主出價是他們考慮的前三大要素。有趣的是，幾乎有四分之三的房仲，都說他們的策略是透過仔細計算來衡量這個房產的價值。爲了決定房價，有 72% 的房仲說他們參考了近期售出的房子的每坪單價，再乘以這間房子的坪數，然後根據屋況調整最後的價格。如果他們眞的是採用這個策略，那我們就不會看到屋主出價的定錨效應了；屋主的出價應該和他們的計算方式無關才對。只不過定錨效應不只存在，還很明顯。

研究顯示，談判中的初始提案對最終協議有較多影響，遠勝過對手後續的讓步，尤其是雙方爭執的議題價值可議或不確定時。若根據初始提案提出調整方式，那就給了錨點可信度。因此，如果初始提案太過離譜，就必須重新定錨。作勢離開談判桌，絕對勝過同意一個無法接受的起點。

在談判中以目標作爲錨點

談判與管理方面的文獻都強調設定與堅持目標有多麼重要。設定明確、充滿挑戰的目標會強化主事者在談判中的表

現。和談判剛開始的出價會影響你對談判結果的觀感一樣，目標也會影響你的想法，讓你覺得有些結果可以辦得到，有些結果無法接受。事實上，在談判中設定充滿挑戰的目標，可以減少對方出價的錨定效果。不過，目標只有在你適當地設定時才有幫助。目標本身也可以變成錨點，進而阻礙或提升你的談判功夫。

當在研究中設定目標的時候，我們掌握了關於談判的充分資訊。在多數談判中，能夠掌握的對手資訊很有限，甚至有時候連自己的優先順序或期望也知道不多。設定目標若要能對你有利，設下的目標一定要能大幅提升你的表現期待。那麼，就算你調整你的期待，你後續的表現還是會很高。

主事者很難知道究竟要把目標設得多高，尤其是在談判中。有時候把部分資訊隱藏起來對你比較有利，因此根本就不可能在談判之前，判斷出一個目標的難易度。因此，設定目標和定錨、調整迷思同樣都有難處。

在我們所進行的研究中，根據任務難度將分配三種目標給談判者：「簡單」意指99%的人都能完成的任務；「有挑戰性」意指75%的人都能完成的任務；「艱難」意指只有不到5%的人才能完成的任務。這些人一旦試過之後，我們便請他們自己為同一個任務設定新的目標。我們發現，原本拿到簡單目標的人選擇了更難的新目標，而原本分配到困難目標的人則選擇了簡單的新目標。儘管有這些變化，簡單組所

選的新目標還是比困難組選的簡單目標要容易許多。因此，一開始設定的目標難度不只會錨定目前的表現，也會為你未來的表現設定目標。

結論

　　在談判過程中，潛在的錨點無所不在，包括相關的錨點（例如以前的合約）與不相關的錨點（例如任選的數字）。就算是通常和表現進步有關的因素，例如目標，如果沒有仔細地規畫，都有可能會降低主事者在談判中的能力。別讓初始錨點限縮你的資訊量與思考深度，影響你對情勢的評估，也不要在談判一開始就給對手的初始提案太多分量。

　　要讓錨點給你優勢，就一定要先決定好什麼樣的初始錨點可以吸引對方的注意力。不能極端到對方完全不予考慮，你還是會希望你的提議能吸引對手，作為議價的錨點。

　　在談判初期最容易受到錨點的影響。若無法接受對方剛開始提出的條件，就別根據他的條件還價，因為那表示你當真了。你要對爭議有深入的了解，才能辨識出不切實際的錨點。如果在談判前準備得夠充分，還能在過程中保持彈性，就能減少錨點的負面影響。

Chapter 5 | 建立談判的框架

　　在談判過程中，成見和架構選項的方式，可以強烈影響主事者達成協議的意願。本章就要點出影響談判框架的幾個要素。

建立情勢的框架

　　想想這個情境：

　　你在商店裡，準備要買一隻 70 美元的手錶。你在等店員的時候，朋友剛好經過，說另一家店也有同一隻手錶，售價是 40 美元，而且離這裡才兩個紅綠燈遠。你知道另一家店的服務一樣好，也很可靠。你會走去兩個紅綠燈外的那家店，省下 30 美元嗎？

　　再想想這個情境：

你在商店裡，準備要買一部 800 美元的數位相機。你在等店員的時候，朋友剛好經過，說另一家店也有同一款數位相機，售價是 770 美元，而且離這裡才兩個紅綠燈遠。你知道另一家店的服務一樣好，也很可靠。你會走去兩個紅綠燈外的那家店，省下 30 美元嗎？

幾乎有90%的人碰到第一個問題都說他們會走去兩個紅綠燈之外的那家店；可是在第二個情境裡，只有50%的人會走這趟路。為什麼30美元在第一個情境裡很誘人，可是到了第二個情境就沒有那麼吸引人？有個原因是：70美元的手錶折30美元很划算，但是800美元的數位相機折30美元就沒有那麼划算。在評估要不要走這趟路的時候，是用優惠折數來建立選項的框架。其實你不應該用30美元所占的比例來衡量要不要走去另一家店，而是應該評估30美元值不值得你多花一點時間。所以，如果走一趟路省下30美元去買手錶很合理，那麼走一趟路省下30美元去買數位相機應該也很合理。

理查・塞勒（Richard Thaler）曾經用類似的問題來呈現框架的影響：

豔陽高照、氣溫炎熱，你躺在沙灘上，一心只想喝冰水。這一個小時以來你一直想著：如果能來一瓶冰涼的啤酒該有多麼享受。你的旅伴這時起身要去打電話，她說她回來的時

候可以幫你買瓶啤酒，不過這附近只有一個地方能買得到冰啤酒，那就是豪華度假村。她說只要符合你預算範圍的話就會幫你買，超過預算就不買。你相信你朋友，而且你知道豪華度假村不可能讓你殺價。你願意付多少錢？

再想想這個情境：

豔陽高照、氣溫炎熱，你躺在沙灘上，一心只想喝冰水。這一個小時以來你一直想著：如果能來一瓶冰涼的啤酒該有多麼享受。你的旅伴這時起身要去打電話，她說她回來的時候可以幫你買瓶啤酒，不過這附近只有一個地方能買得到冰啤酒，那就是不起眼的小雜貨店。她說只要符合你預算範圍的話就會幫你買，超過預算就不買。你相信你朋友，而且你知道不起眼的小雜貨店不可能讓你殺價。你願意付多少錢？

在這兩個情境裡，結果都一樣：你會買到同一種啤酒，而且你不能和賣方議價。除此之外，度假村裡的高級設備和你的需求無關，因為你是在沙灘上喝啤酒。我們的學生願意花更多錢在「豪華度假村」買啤酒（7.83 美元），在「不起眼的小雜貨店」則比較不願意花那麼多錢（4.1 美元）。啤酒價格的差異完全來自情境的框架。花超過 5 美元買豪華度假村賣的啤酒雖然讓人不爽，但是可以預期；花超過 5 美元買

雜貨店賣的啤酒根本是「坑錢」！因此，儘管買到的是同樣的啤酒，也沒有用到豪華度假村的設施，他們還是願意多花3塊美金，因為他們的購買方式受到了框架所限。

這個情境反過來也可能很常見。你有沒有因為「價格太吸引人，錯過可惜」，就買了一樣根本用不到的東西？這種「好康」的框架價值，通常高過你真正買到的價值。

建立結果的框架

阿莫斯・特沃斯基（Amos Tversky）和丹尼爾・康納曼（Daniel Kahneman）讓一群決策者面對這個問題：

亞洲爆發了不知名的疾病，疫情可能會造成600人死亡，美國現在必須為此做出準備。目前有兩種不同的方案正在考慮，你會選哪一種？

有一半的決策者（第一組）被給了以下方案：

1. 若選甲案，可以拯救200人。
2. 若選乙案，有三分之一的機會可以拯救所有人；三分之二的機會完全救不了人。

給第二組的兩個方案則是：

1. 若選甲案，有 400 人會死。
2. 若選乙案，有三分之一的機會沒人會死；三分之二的機會造成所有人全部死亡。

在第一組的 158 位受試者中，有 76% 的人選擇了甲案，24% 的人選擇了乙案。對第一組來說，**確定**能拯救 200 人的價值比較高，雖然乙案的期望值相同，但是乙案有風險，所以價值比較低。

在第二組的 169 位受試者中，有 13% 的人選擇了甲案，87% 選擇了乙案。這組人選擇了風險，而非確定的損失。**確定**會死 400 人的吸引力比較低，用機率獲得相同的期望值吸引力比較強。

為什麼特沃斯基和康納曼的受試者在第一組會偏好第一種結果，在第二組卻偏好第二種結果？要詮釋實驗結果，你必須了解人們如何回應風險，你的風險偏好又會如何轉變。人們往往會依據他們對風險的偏好來辨識自己或他人。心理學家保羅·斯洛維奇（Paul Slovic）、巴魯克·費許霍夫（Baruch Fischhoff）和莎拉·黎坦絲丹（Sarah Lichtenstein）認為，很多人在描述別人的性格時，都會提到他願意承受風險或迴避風險，而多數人在面對風險時的態度

並不一致。斯洛維奇在以九種不同的風險評比標準比較了 82 人所得的分數後，認為沒有證據能夠顯示承受風險是固定的人格特性，這表示在某個情境下願意承受風險的人，可能會在其他情境下迴避風險。專業賭徒可以很在乎自己的健康，保守的金融分析師可能會在週末「放手一搏」。

要界定主事者在談判中的行為是迴避風險、風險中立或是追求風險，一定要檢視他的「確定等值」與「其他選項的期望值」，以及兩者之間的關係。舉例來說，這場樂透你有 50% 的機會可以贏得 1,000 萬美元，我要給你多少錢才能讓你放棄不玩？假設你是風險中立的人，那你的「確定等值」就是 500 萬美元（樂透的期望值）。所以確定等值和樂透期望值相同的人，在判斷要不要玩的時候就是**風險中立**。確定等值小於樂透期望值的人，則會**迴避風險**而選擇不玩。假設你願意接受 400 萬美元就不玩樂透，那麼你就是迴避風險的人，因為你（理論上）放棄了 100 萬美元的期望值，去迴避樂透的風險。確定等值高於樂透期望值的人屬於**追求風險**的類型，這種人必須要給他 600 萬美元，他才有可能願意放棄賭博的快感與中獎的機會。

在上述不知名的亞洲疾病難題中，兩組決策者面對的問題顯然相同，可是方案的描述從能拯救多少條性命（收益）變更為失去多少性命（損失），受試者就呈現了非常不同的風險偏好。這表示面對潛在收益時，人會迴避風險；面對潛

在損失時，人會追求風險。

在談判過程中，資訊呈現的方式也會明顯影響主事者的風險偏好，特別是在他們不確定未來會有什麼發展或結果的時候。主事者會在談判中做出不理性的選擇，因為他們的風險偏好會被特定的決策框架影響而改變。你用來評估替代方案究竟是收益還是損失的**參考點**，決定了框架是正面或是負面，也影響了你的選項和後續要接受或拒絕的意願。

建立框架與參考點

之所以要選擇某一個參考點，可能會根據可見的錨點，例如「現狀」：或是不可見的錨點，例如你的期待。現狀是最常見的參考點。大多數的決策者在評估他們的選項時，會考量到這些選項代表的是收益或損失。值得探究的是，要修正別人對現狀的看法，其實出乎意料地簡單。

稟賦效應

在買家和賣家的所有交易中，買家一定要願意付出賣家願意接受的最低金額。一件物品對賣家的價值，或許可以由經濟市場等客觀的第三方來決定，但是賣家在定價的時候，

往往會在市價之上增加個人的情感價值,這個賣家增添上去的價值就叫作**稟賦效應**(endowment effect)。經濟學家丹尼爾·康納曼、傑克·柯內許(Jack Knetsch)和理查·塞勒進行了一系列的研究,說明了該效應如何影響交易的框架。

想像一下,我們現在給你一個咖啡杯(在研究過程中,三分之一的受試者為「賣家」,面前都擺著一個咖啡杯),並且告訴你:這個咖啡杯是你的所有物,你可以用能夠接受的價格賣出。接下來,你會拿到一張表格,上面列出了可能的售價,從美金5毛錢到9塊半不等,你要寫下:(1)你願不願意用這個價格賣掉咖啡杯;或是(2)將咖啡杯保留下來並帶回家。你可以用一分鐘的時間完成這張表格(下頁圖表5-1)。

另外三分之一的人(「買家」)則會獲得一筆錢,他們可以決定要留下這筆錢或是拿來買咖啡杯。這筆錢的金額也是從美金5毛錢到9塊半不等,他們需要在咖啡杯與這筆錢中做出選擇。

最後三分之一的受試者(「有選擇的人」)會拿到一張問卷,他們可以選擇要拿到咖啡杯或是一筆錢,這筆錢的金額同樣也是落在美金5毛錢到9塊半之間。所有人都知道他們的答案不會影響到咖啡杯原定的價格,或者他們所收到的金額。

圖表 5-1　稟賦效應衡量表

請在每個價錢旁邊，標示你願意用這個價錢賣掉咖啡杯，還是要保留咖啡杯。		
如果是美金 5 毛錢	☐ 我會賣掉	☐ 我會保留咖啡杯
如果是美金 1 塊錢	☐ 我會賣掉	☐ 我會保留咖啡杯
如果是美金 1 塊半	☐ 我會賣掉	☐ 我會保留咖啡杯
如果是美金 2 塊錢	☐ 我會賣掉	☐ 我會保留咖啡杯
如果是美金 2 塊半	☐ 我會賣掉	☐ 我會保留咖啡杯
如果是美金 3 塊錢	☐ 我會賣掉	☐ 我會保留咖啡杯
如果是美金 3 塊半	☐ 我會賣掉	☐ 我會保留咖啡杯
如果是美金 4 塊錢	☐ 我會賣掉	☐ 我會保留咖啡杯
如果是美金 4 塊半	☐ 我會賣掉	☐ 我會保留咖啡杯
如果是美金 5 塊錢	☐ 我會賣掉	☐ 我會保留咖啡杯
如果是美金 5 塊半	☐ 我會賣掉	☐ 我會保留咖啡杯
如果是美金 6 塊錢	☐ 我會賣掉	☐ 我會保留咖啡杯
如果是美金 6 塊半	☐ 我會賣掉	☐ 我會保留咖啡杯
如果是美金 7 塊錢	☐ 我會賣掉	☐ 我會保留咖啡杯
如果是美金 7 塊半	☐ 我會賣掉	☐ 我會保留咖啡杯
如果是美金 8 塊錢	☐ 我會賣掉	☐ 我會保留咖啡杯
如果是美金 8 塊半	☐ 我會賣掉	☐ 我會保留咖啡杯
如果是美金 9 塊錢	☐ 我會賣掉	☐ 我會保留咖啡杯
如果是美金 9 塊半	☐ 我會賣掉	☐ 我會保留咖啡杯

賣家為咖啡杯訂的價格中數是 7.12 美元，買家則認為是 2.88 美元，有選擇的人則訂在 3.12 美元。買家和有選擇的人所鑑定的咖啡杯價值很相近，這點很有趣；不過，對賣家來說，擁有咖啡杯就讓咖啡杯產生了更多價值，甚至是另外兩組的兩倍以上。

　　之所以出現這樣的定價差異，是因為每個角色（買家、賣家、有選擇的人）創造了自己的參考點。當擁有一樣東西的時候，你和這項財產的關係本質就會發生改變，放棄這項財產現在看起來就是損失。在衡量一樣東西的價值時，你可以加個金額——也就是稟賦，來抵消體會到的損失。光只是「擁有」一樣東西，就算只是一下下，也會增加你對這樣東西的感情；而一旦產生了感情，要割捨的成本就大了。

阿拉伯聯盟和海珊的談判

　　1990 年代初期，伊拉克入侵科威特，震驚了全世界。我們可以想一下稟賦效應在這個事件中有什麼影響。

　　1990 年 8 月 2 日，伊拉克軍隊入侵科威特。六天後，伊拉克總統海珊宣布併吞科威特。埃及總統穆巴拉克立刻召開阿拉伯聯盟緊急高峰會。到了 8 月 30 日，阿拉伯聯盟已經舉行了一連串會議，希望能擬定計畫，緩和局勢。

　　這項計畫最重要的部分，就是讓伊拉克同意將軍隊撤出

科威特，所以阿拉伯國家願意讓步。首先，讓伊拉克繼續擁有位於波斯灣、緊扣伊拉克海岸線的布比揚島；其次，伊拉克可以獲得盧麥拉油田——伊拉克譴責科威特一直從這口橫跨兩國未定疆界的油井中盜油；第三，伊拉克在兩伊戰爭中積欠科威特的戰債高達 140 億美元，這筆債務可以一筆勾銷或重新協商，且伊拉克「可以永遠從科威特的石油營收中分得高額利潤」。

阿拉伯聯盟開給伊拉克的條件簡直好得不能更好了，可是海珊根本不多加考慮，軍隊依然占據著科威特。海珊在評估這件事的過程中，可能有兩個因素讓他做了上述決定，分別是：「稟賦效應」和「框架」。他既然霸占了科威特，所有的油田和賣油收入都是他的，從這個定位來看任何退讓都是損失；而因為稟賦效應的作用，阿拉伯聯盟所開出的條件並不足以彌補海珊心中的損失，畢竟現在科威特的一切都是他國土的一部分了。

但是海珊的選項其實可以用另一種框架來建構。假設，他不要認為自己是要放棄「已經屬於他的」財產，而是只以兩個禮拜的辛勞就換得阿拉伯聯盟的提議，他看問題的視角就會完全不一樣了。拿掉稟賦效應，並且把對方的提議看成是個投資報酬率的決定，那海珊就不太可能會拒絕這麼優渥的提議。

建構談判框架的影響

想要理性談判，就一定要記得建立問題框架或呈現問題的方式，會劇烈影響你所感受到的價值，或是對替代方案的接受度。迴避風險的選項就是要接受對方提出的和解方式；追求風險的做法就是等對方未來有可能讓步。你所選的特定參考點或基準線，就決定了你會在正面或負面的框架裡產生決策。

以勞資合約的談判為例。身為勞方代表，你可以根據自己的參考點，從兩種角度來看待資方的提議。如果參考點是目前的合約，那麼可以把資方的提議看成是比現狀更好的「收益」；如果參考點是針對這個議案所提出來的初始提案，那很可能會把資方的還價都看成損失，並認為沒有達到原定的要求就是挫敗。**就算在上述兩種情況中提出來的是同一個選項**，把它看成損失或收益，就大幅影響了你接受資方提案的意願。

同樣地，當求職者為了應徵一個新職位而協商薪資時，也會有幾個參考點，包括：（1）目前的薪資；（2）公司的最初出價；（3）他願意接受的最低金額；（4）他估計這家公司願意付多少；和（5）他一開始要求的薪資。當求職者的參考點從第一項移到第五項，就是從談判的正面框架移到了負面框架。即便薪資比目前增加了許多，如果與他原本希望

能夠拿到的薪資相比，他或許還是覺得蒙受了損失。舉例來說，如果時薪 15 美元的員工希望可以增加 4 美元，而僱主願意增加 2 美元，那麼從該員工的第一個參考點，也就是現有的時薪來看，已經增加了 2 美元；但如果以第五個參考點，也就是他開出的要求來看，他的時薪則是損失了 2 美元（和時薪 19 美元相比）。

我們想透過研究了解框架對集體議價的結果會有什麼影響，所以設定了一場談判，其中包含五項議題，受試者分別扮演資方和勞方的角色。我們調整了每個談判人員的參考點以控制他們的框架。我們告訴其中一半的談判人員：當提出了初始提案之後，任何讓步都會使他們所代表的群眾蒙受損失（負面框架）；再告訴另一半的人：只要他們達成的協議比目前的合約要好，那就是為他們所代表的群眾爭取到了收益（正面框架）。我們發現，負面框架下的談判人員比較少讓步，達成的協議也比正面框架下的人少很多；此外，後者也傾向認為談判結果很公平，但前者則不容易這麼想。

在另一份研究中，我們請談判人員處理這個問題：

你是冰箱批發商。雖然公司嚴格禁止議價，但是開銷可以有彈性（如運費、交易條件等），這也會直接影響你的利潤。你正在談一筆 8,000 美元的銷售案，買方希望你負擔 2,000 美元的開銷，而你想要少付一點。在與對方談判時，你是想

要減少開支，從 2,000 美元往下談？還是想要增加淨利（售價減掉開銷），讓淨利從 6,000 美元往上增加？

我們再次發現談判的框架會影響談判人員的行為。在這份研究中，談判人員經過引導，從（1）淨利或（2）毛利減掉開銷總額這兩種不同的角度來看待這場交易。客觀來說，這兩個情境一模一樣——增加利潤和減少開銷的結果都一樣，因此照理說不管談判人員是受命要減少開銷或是增加利潤，行為應該都一樣。

但是我們同樣發現，被要求增加利潤（正面框架）的談判人員比較願意讓步，他們交易成功的次數也明顯比負面框架（要減少開銷）的人多很多。就算負面框架的談判人員每一筆的平均利潤較高，但因為正面框架的談判人員談成了比較多筆交易，他們在市場上的總獲利能力也會比較強。

框架、談判者偏誤和策略行為

我們可以策略性地設計框架，來引導談判人員在談判中的表現。如果描述提案的時候讓對手聽到了潛在的收益，你可以誘導對方採取正面的框架，他們就比較容易讓步。你可以在談判中強調對方必須面對的風險，再拿你提案中對方保

證會得到收益的機會來做對比。

框架對調解員也很重要。如果調解員的策略是要讓雙方妥協以達成協議（我們會在第十五章深入討論調解），就應該協助雙方從正面框架來看待談判。不過，這裡有點微妙，因為如果同時讓雙方看到了參考點，那麼對其中一方是正面的參考點，可能會對另一方產生負面的框架。調解員分別和對立的兩方溝通時，建立框架或許是最有效的策略。調解員可以提出不同的觀點，建立正面框架，然後引導他們針對這個框架採取迴避風險的行為。另外，調解員應該對雙方強調繼續爭執可能造成的損失。這些策略可以協助雙方朝著和解的方向進行。

買家或賣家會自然產生框架。有許多研究都證實，雖然市場裡權力平衡的關係是對等的，可是買家的表現都會比賣家好，這結果很耐人尋味。在我們打造的模擬市場中，沒有任何合理的原因可以說明為什麼買家的表現會比賣家好。不過，或許有一種可能的解釋：賣家認為交易是金錢轉手的過程，這個過程中會獲得資源（賣掉這個商品我可以獲得多少錢）；另一方面，買家則可能會覺得這個交易過程中損失了金錢（我要放棄多少錢）。如果一切都是關於錢，那麼買家可能會追求風險，賣家則會迴避風險。

當一個迴避風險的人和追求風險的人談判時，追求風險的人更願意冒著破局的風險去要求更多，或堅持不讓步。為

了達成協議，迴避風險的人一定要多讓步才能引導對方接受協議。因此，當我們直接比較買家和賣家的相對成就時，買家會從負面框架（追求風險）中獲益。重點在於，這些自然發生的框架可以輕易影響爭議被理解的方式——甚至不需要任何一方介入。

　　談判中的框架會影響到了最後雙方是達成共識或走入僵局。雙方在討論各自必須爭取到的薪資、價格或結果時，往往會設定一個很高的參考點，以衡量談判的收益和損失。如果把任何妥協都當成損失，會讓主事者在談判過程中採取負面框架來面對所有的提案，展現出追求風險的行為，然後就更不可能達成協議。不過，當談判人員維持以風險中立或追求風險的觀點來衡量對方的提案時，最終達成的協議則會比較優渥。

取得資訊的難易程度

　　在衡量資訊和選項的時候，我們往往會只注意特定的事實，卻忽略了其他。舉例來說，主事者很可能過分依賴手邊的現有資訊，卻沒注意到這份資訊對最終結果的重要性。這種傾向常常會導致特別的行為，以下以 1990 年末美國中西部的地震恐慌事件為例。

　　新墨西哥州的氣候學家與企業顧問艾本‧布朗寧（Iben Browning）預測，在 1990 年 12 月 3 日，由於「異常強大的潮汐力」，一路從伊利諾州最南端的開羅市延伸到阿肯色州馬克德特里市的新馬德里斷層，有 50% 的機會出現芮氏 6.5 級至 7.5 級的強震。任何人都可以預測地震的到來，但是新聞不會報。不巧，因為該週剛好要調查電視台的收視率，因此媒體注意到了布朗寧的預測。許多新聞節目製作人，尤其是中西部的電視台，都認為這則報導就是他們拉抬收

視率的利器。

儘管地質專家都認為布朗寧的預測沒有根據，但是這則預言卻得到廣泛的注意，產生了讓人意外的衝擊，尤其伊利諾州的保險公司業績特別旺。好事達保險公司（Allstate）的地震險保單倍增；州立農業保險公司（State Farm）在 1990 年 11 月，每週也都有上萬人要申購地震險。前一年，州立農業保險公司只有 10% 的保戶有保地震險；到了 1990 年 11 月中旬，已經增加到了 45%。

有些保險仲介業者還利用這則預言來大力推廣地震險。百銳（Berent and Co.）和哈爾貝格（Hallberg）這兩家保險公司甚至發出警告，要保戶檢查保單內容，確認自己有沒有保地震險。這兩家公司都說，這是因為他們有責任要提醒保戶確認承保的範圍。

當然啦，1990 年 12 月 3 日那天從開始到結束，都完全沒有地震的跡象。但是許多學校停課了一天，伊利諾州南部很多靠近斷層的家庭，甚至還決定當天要到其他比較「安全」的地方去避難。

為什麼這項資訊會引起這麼極端的行為？我們認為，那

是因為關於這則預言的資訊太唾手可得而且非常逼真，才會讓許多人高估了地震的可能性。

比較常遇到的事情會讓你比較容易記得，這些事在你的記憶中很「容易取得」；不過有多容易記得，不見得和多常碰到這些事有關，例如鮮明的事情就比較容易讓人牢記或想像。接下來，我們會呈現幾個範例，讓你知道取得資訊的難易程度會如何影響談判的方式。

回溯的容易度

容易回想起來的事情，會讓人覺得數量比較多。舉例來說，我們讓兩組人各聽一份知名的人物名單。一份名單上有比較多男生的名字，可是女生比較有名；另一份名單上有比較多女生的名字，可是男生比較有名。聽完後，我們問他們所聽的名單裡面，男生多還是女生多？結果兩組都答錯了。

有些事情其實不太可能發生，但人們會高估其可能性，那是因為相關的回憶很生動、鮮明，所以比較容易回溯。例如，如果你親眼看到一間房子著火了，就會認為這種事件可能會再次發生；但若只是在報紙上讀到火災的新聞，就不會這麼想。對很多伊利諾州的居民來說，1989 年（前一年）10月的舊金山大地震所造成的傷害還讓人餘悸猶存，所以當新

聞主播因報導布朗寧的預測而回顧舊金山大地震時，人們的印象就更鮮明了。

瑪麗・威爾森（Marie Wilson）和她的同事證明了生動、鮮明的資訊會有什麼影響，她在研究中讓兩組受試者擔任陪審團，讓他們看民事訴訟案中承包商和分包商的結辯過程。有一段支持承包商的影片，生動、義憤填膺地列出了十項理由；另一段影片只是用單調、無聊的口氣說出這十項理由。例如，生動版本中的敘述「木板裂成了鋸齒狀，必須重新磨光」，在枯燥版本中則是「木板很粗糙，需要刨過」。

看了生動影片的陪審團判定承包商勝訴，並且可以獲得更高的賠償金；他們在說明自己的決定時，也比另外一組更能回溯案件的細節。

在談判中使用更鮮明或更生動的方式來呈現資訊，對決定有強大的影響力；如果用比較枯燥的方式呈現相同的資訊量，則無法發揮同樣的影響力。談判時應該要意識到這股力量，並控制資訊及其呈現的方式，以在談判中獲益。

既有的搜尋模式

人們已經建立起搜尋資訊的模式，某些資訊之所以特別顯著，是因為它們儲存在記憶中的方式不同。舉例來說，當

我們要想以「一」開頭的成語和「一」落在第三個字的成語時，可能都會覺得以「一」開頭的成語比較多，但事實上不然。我們背誦成語的方式，讓我們比較容易從第一個字開始去搜尋記憶。在玩拼字、接龍或成語遊戲時，提示第一個字也會讓人更容易上手。

又例如，一間大型製造廠的業務、生產、會計和人資主管聚集在一起，想要找出公司當前最主要的問題。他們都會從自己的專業領域出發，因為他們解決問題的經驗與策略，往往都是來自於這個相對而言較為狹窄的領域，他們會從中尋找答案一點也不令人意外。企業也不太可能會期望會計部門的主管，去解決製造生產或是行銷方面的問題。

企業主管在自己的部門裡用這種方法管事或許很有效率，但是當他要拔擢人才的時候就會碰到問題。如果新總裁來自製造生產部門，但是公司面臨的難題是行銷，那麼新總裁可能就很難透過以往以生產為導向的管理方式，來解決當前的難題。

獲得資訊的難易程度與談判

主事者必須要確保獲得資訊的難易程度，不要主導了他們有效分析談判情勢的能力。談判人員必須謹慎、仔細地分

析替代方案、輕重緩急以及所有備案的成本，才會知道什麼時候達成協議才符合最佳利益。

要理性分析，就一定要汲取過去的經驗與現有的資訊來評估各種選擇。很可惜，每一則過去的經驗在記憶中回溯的難易程度不同。有些經驗比較容易回想起來，因此談判中要不受現有資訊的影響，而關注（客觀上）重要的面向並評估各種選項就更難了。例如，研究發現，嘴巴上說很在乎醫療保險的企業員工，只要月薪增加 142 美元，他們就願意放棄保險福利。但事實上，他們原本的保險福利市值 340 美元，且雇主每個月要出 190 美元，而他們自己每個月只要花 62 美元。這是因為員工只注意他們最容易取得的那項資訊——他們付了多少保費，所以他們大幅低估了保險的市值與雇主所負擔的金額。

管理員工福利的企業主管，這時候的任務就很清楚了：要怎麼克服這項資訊偏誤，讓員工理解保險福利的價值，至少要清楚雇主負擔了多少呢？

員工會用他們負擔的金額作為錨點來評估保險福利的價值，是因為這項資訊容易取得。在建立談判策略的時候有很多潛在錨點可以用，而取得資訊的相對難易度，則是之所以採取特定錨點而忽略其他錨點的主因。

在集體協商與仲裁的研究中，我們發現企業主管願意接受的結果，會受到成本資訊取得的難易程度所影響。如果

我們強調達成一個糟糕的和解結果對個人而言會有哪些成本（例如負面的名聲），那麼談判人員就比較不願意讓步，比較願意接受調停和仲裁；如果強調組織接受仲裁的成本（例如金錢、時間的損失，而且無法控制仲裁結果），談判人員就明顯地比較願意讓步也更有可能和解。

想想另一個很熟悉的談判情境——買新車。在談價格的時候，往往會討論要買的是什麼款式、有哪些選擇、車子的可靠程度等。當你同意售價之後，銷售人員通常會試圖賣你一份服務合約：「只要每個月多幾塊錢，你就永遠不用擔心維修費用了。」（幾分鐘前不是才說這輛車多麼可靠嗎！）為什麼幾乎一半的新車買家都會接受提案，付費延長保固？

一個原因可能是買家相信延長保固很划算。畢竟，車子都需要維修——再可靠的車都需要！你可能記得維修費用比付費保固更貴。25 美元的自負額這時候感覺只是一筆小錢，所以在銷售人員的推波助瀾之下，你可以輕易地想像大筆維修帳單會造成多大的財務壓力。當你的錨點是幾十萬元的新車時，「多花幾塊錢」就覺得沒什麼了。所以，你決定付費延長保固。

但別這麼快就簽下去了！在你決定付費延長保固之前，還可以多考慮一下。幾乎所有的延長保固都只是複製原廠保固而已。也就是說，如果你的車有兩年 24,000 英哩的保固，你買的延長保固通常是五年 10 萬英哩，那其實你付錢買下的

是三年 76,000 英哩。顯然這是經銷商打的算盤。

根據日產汽車近期面對的訴訟案文件來看,通常延長保固的合約要 795 美元,那幾乎完全是經銷商的利潤。只有 131 美元會用來支付實際維修的費用,109 美元是日產汽車的行政開銷,剩下的 555 美元都被經銷商賺走了。

結論

優秀的談判與決策,除了現有的資訊外,還需要找出真正可靠的資訊。因為生動所以容易回想起來的資訊,可能讓你覺得很可靠,但其實不然。不過,我們很難緩解取得資訊難易程度所造成的影響。你可以建立架構來避免不理性地持續加碼,但是取得資訊的難易程度所造成的偏誤卻不容易察覺。在談判中,你只能使用「現有」的資訊,而且容易回想起來的資訊會得到最多的注意。你必須分辨哪些是你很熟悉的資訊,哪些是真正可靠又和談判相關的資訊。這很複雜,但如果你要增加談判協議的品質,就必須具備這項能力。

7

贏家的詛咒

　　美國知名的喜劇演員格魯喬‧馬克思（Groucho Marx）曾經說過，他不想加入任何會接受他當會員的俱樂部。為什麼？因為如果他的申請資格被某間俱樂部接受，就可以看出這間俱樂部的標準低到連他都進得去，那他才不想加入！多數人沒有馬克思的洞察力，經常在談判的過程中出價，卻不知道對方如果接受這個價格具有什麼涵義。想想以下情境：

　　你在異國旅遊，看到有個商人在賣一顆很漂亮的珠寶。你以前也買過珠寶，但遠遠稱不上專家。經過幾番討論，你開了一個自認很低的價格，商人馬上就接受了。現在這顆寶石是你的了。你有什麼感覺？

　　大多數的人都覺得很不舒服，這就稱為「贏家的詛咒」。不過，你為什麼會主動開一個你不希望被接受的價格呢？現在，再想一下上述問題。

以併購案為例

你代表甲公司（出價收購者），考慮是否以透過公開出價收購對方股票的方式，併購乙公司（目標）。你計畫要以100%的現金買下乙公司的股票，但是不確定要出多少錢。最主要的問題在於：乙公司的價值完全取決於油田開發計畫的結果；事實上，乙公司能不能活下去就看這個結果了。如果計畫失敗，由現有經營團隊所管理的這家公司就一文不值；但如果計畫成功，這家公司每股的股價可能高達100美元。股票價值從0到100美元的機率都一樣。

根據所有評估的結果，乙公司若脫離目前的經營團隊改由甲公司來管理，會有更高的價值。不管目前這家公司價值多少，**若由甲公司收購，乙公司的市值會增加50%**。如果計畫失敗，不管由誰來管理，這家公司的股價都是0美元。如果油田開發計畫能夠讓乙公司的股票在現有團隊的管理下，每股價值50美元，那麼在甲公司的管理下，每股將價值75美元；如果每股目前價值100美元，在甲公司的管理下，每股將價值150美元。以此類推。

甲公司的董事會成員要求你判斷該出價多少，來買下乙公司的所有股票。在油田探勘的結果揭曉**之前**，就一定要馬上出價不可。從各種跡象來看，只要**價格有利可圖**，乙公司就會很樂意被甲公司收購。此外，乙公司希望能不計一切代

價，避免其他企業以同樣的方式收購公司股票。你知道乙公司在你出價之後，會等到油田探勘有了結果，並在這個結果傳到媒體以前，決定是否接受你的出價。

所以，**你（甲公司）在出價時不知道油田探勘的結果，但是乙公司會先知道，再決定是否接受你的出價。另外，只要甲公司的出價比目前的股價來得高，乙公司就會接受。**

作為甲公司的代表，你的出價範圍從每股 0 美元（等於不出價）到每股 150 美元。你要出多少錢收購乙公司的股票？

這個「併購案」練習的邏輯很接近買寶石的問題，我們相信格魯喬·馬克思的心得可以協助你解決這兩個問題。在「併購案」中，你不確定乙公司的價值。你只知道這家公司在現有經營團隊的管理之下，價值介於 0 到 100 美元之間，每個價值的可能性都一樣。既然乙公司在被收購之後股價會增加 50%，那麼進行這筆交易看起來很合理。

這個問題分析起來很簡單（如我們所簡短描述的），但直覺上卻很令人費解。圖表 7-1 是 123 名波士頓大學 MBA 學生所做出的判斷，多數人出價在 50 到 75 美元之間。他們是怎麼做出這個決定的？

圖表 7-1 顯示了一個很普遍卻不正確的思考流程：「這家公司的平均價格對乙公司來說是 50 美元，對甲公司是 75 美元，所以在這個價格區間交易，雙方都有利潤。」如果乙

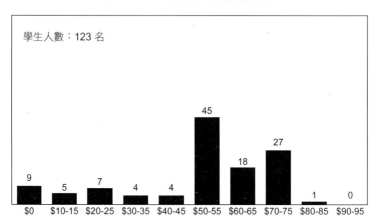

圖表 7-1　「併購案」練習調查表

學生人數：123 名

					45		27		
9	5	7	4	4		18		1	0
$0	$10-15	$20-25	$30-35	$40-45	$50-55	$60-65	$70-75	$80-85	$90-95

公司也同樣擁有不完整的資訊，那麼這個說法很有理性。但是，你知道乙公司在接受或拒絕你的出價前，就會先知道自己真正的價值。現在，我們來思考是否要每股出價 60 美元：

　　如果收購者每股出價 60 美元——也就是乙公司的價值介於 0 到 60 美元之間的時候，那麼有 60% 的機會對方會接受。既然從 0 到 60 美元之間，所有價格的可能性都一樣高，那麼平均來說，乙公司在接受 60 美元的出價時，平均價格是 30 美元，被收購後會漲到 45 美元，那出價的人每股就損失了 15 美元。因此，每股出價 60 美元並不明智。

同樣的推論也適用於 0 美元以上的所有價格。甲公司不管出價多少，只要對方接受，那麼平均會賠掉 25%。如果收購者以任何金額出價（可以用你的出價替代），而對方接受了，那就表示這家公司的現值介於 0 美元和你的出價之間。因為這個價格區間裡，每個價格的機率一樣高，所以期望值就是你出價的一半。既然這家公司對收購者來說價值會增加 50%，那麼收購者的期望值就是出價的 75%。因此，不管價格是多少，最好的策略就是不出價（每股 0 美元）。

當然，你還是有可能賺到錢，但是賠錢的機率是賺錢的兩倍，圖表 7-2 就可以看得很清楚。如果你每股出價 60 美

圖表 7-2　「併購案」估算調查表

出價 (X)	這家公司對 乙方的價值 (Y)	乙公司 的決定	接受出價後 乙公司的 市值 (1.5Y)	收益或損失
60	0	接受	0	-60
60	10	接受	15	-45
60	20	接受	30	-30
60	30	接受	45	-15
60	40	接受	60	0
60	50	接受	75	15
60	60	接受	90	30
60	70	拒絕	—	—

（單位：美元〔每股價錢〕）

元，那只要對方的現值低於 60 美元，就會接受你的出價。唯有當這家公司的每股股價高於 40 美元，才有機會賺錢。這個計算方式可以用任何金額替換。平均來看，你出多少都會賠25%。

「併購案」的矛盾之處在於，儘管這家公司對收購者的價值較高，但是任何 0 元以上的價格，對收購者來說期望報酬都是負的。這個矛盾是因為：**目標（乙公司）在該公司對出價收購者（甲公司）最沒有價值的時候，最有可能接受出價。**

這個問題的解答實在太反直覺了，所以 123 名波士頓大學的 MBA 學生之中，只有 9 人正確地出價 0 美元。我們曾經讓麻省理工學院的碩士班學生、企業執行長、合格會計師和投資銀行家參與這項實驗，結果都很類似。就算是沒有底薪、必須完全倚靠績效獎金的人，表現也沒有比較好。

儘管多數人都有分析能力，可以按照這個邏輯發現最理想的出價其實是 0 美元，但大多數的人都還是出了個價格。他們在做決定的時候，忽略了任何結果都要對方接受了才算數；而對方最有可能接受的時候，就是買家最不想要這商品的時候。

在談判中，「贏家的詛咒」最重要的部分，就是通常有一方——特別是賣家，擁有比較多的資訊。儘管大家都很熟悉「買家自負」的口號，可是當對方知道得比較多時，你就

很難應用這個想法。當面對資訊比你更充分的對手時，你的期望報酬就會劇烈下跌。

在談判中的應用

很多讀者在看了「併購案」之後覺得很失望，因為他們沒有提出正確答案：出 0 美元。他們往往批評這個問題太違反自然了。不過，在真實世界裡我們也能夠輕易地發現贏家的詛咒，例如：

你剛被公司調到一座新城市，人生地不熟的。這座新城市裡的房市對買家比較有利。你不想搬兩次家，所以決定一開始就先買房。你對這座城市裡的房地產沒什麼研究，朋友推薦你一位「非常優秀」的房仲。在兩天之內你就看了 11 間房子，相中了其中一間，決定要出價了。你一出價對方就馬上接受了。你買對了嗎？

你的資訊很有限，你看了市場上另外 10 間房子，接受了房仲的建議。如果你買了房子，他的收入自然會增加。你現在知道賣家同意了你的價格。你從這個事實中得到了什麼訊息？或許這間房子的價值沒有你想的那麼高？或許賣家更清

楚當地房市還有房子的真實屋況？賣家掌握了更多資訊，最可能在你出價高於房子真實價格的時候接受。顯然，這個邏輯可以應用在雙方資訊不對等的任何情境上。

在二手車市場也可以看到贏家的詛咒。經濟學家喬治・阿克洛夫（George Akerlof）在其文章〈檸檬市場〉（The Market for Lemons）中談到了「次級品」市場：二手車品質良莠不齊，但多數買家沒辦法分辨中古車的品質好壞。所以無論中古車的品質如何，賣家都可以賣到一樣的價錢，因此價格無法反映出中古車的真實價值。好車的賣家由於無法得到合理的售價，就比較不願意賣車。漸漸地，市場裡看不到好的中古車，只剩下最爛的中古車任價格反映其品質。（編按：美國俚語，出廠後出現瑕疵問題的汽車稱為「檸檬車」。）

將這個觀念推展到極致，阿克洛夫於是認為二手市場裡的好貨比實際數量要少。購買二手商品的人不會想到賣家為什麼選擇性地出售這些商品，因此很多買家在出價前不明白自己的資訊劣勢，結果以高於市價的金額成交，落入贏家的詛咒。

要避免贏家的詛咒其實有方法。提供高品質商品或服務的賣家（不管是新品或二手商品），都可以有所作為，讓買家對品質安心。例如汽車經銷商要提供商品保證；組織要維持商譽，讓你信任他們的產品或服務；消費者到了陌生的城市比較願意住在連鎖品牌的旅館裡，因為品牌名聲讓他們對

服務品質有一定的信心。

　　顯然，談判雙方若有點關係，也可以解決或減少贏家的詛咒，因為賣家可能不想因為占買家便宜而傷了雙方的關係。因此，很多人會向親戚朋友買中古車；很多公司會開放公布欄，讓員工可以買賣二手商品，如此不但可以省下廣告費和上架費，還可以讓買家對商品真正的價值產生信心，而且賣家會曉得，如果他們刻意販售瑕疵品，那麼全公司的人都會知道。

　　政府干預也有助於破除贏家的詛咒。美國有些州政府或地方政府便立了消費者保護法〈檸檬法〉，在中古車市場保護買家，促進交易。

　　很多人不完全清楚，在交易時獲得正確的資訊到底有多麼重要。請專業技師公正地鑑定中古車、請專業鑑價師評估房價、請獨立的珠寶匠鑑定珠寶的價格，這些做法都很有價值。為了保護自己，你必須發展出專業、借用別人的專業或聘用別人的專業來補足缺少的資訊。很多人都不喜歡付這種費用（如估價）來證明他們原先的判斷本來就是對的，他們覺得花這個錢得不到什麼東西。但如果人們在買中古破車、溢價的房子或是用染色玻璃造假的紅寶石前，能夠把獨立、客觀的鑑定當成是避免買到次級瑕疵品的保險，他們的行為就會更加理性。

結論

　　我們發現，能夠從對方觀點進行思考的人，在模擬談判中最成功。聚焦於對方的觀點，能夠讓自己更能預測對手的行為。多數人很難這樣思考。整體而言，**人們在談判過程中經常以為對方不會改變，忽略了如果可以從對方的決定來思考，可以獲得許多寶貴的資訊。**

　　第二章「20 元美鈔競標」的案例中也有提到這種傾向。為什麼會下場競標美鈔？因為大家都看到了早點進場的機會，卻沒想到其他人如果都下場了，拍賣會有什麼結果。但如果你認真地想一下其他人，就能採取更理性的行為。在「併購案」中，若讓受試者先扮演賣家的角色，等到他們當買家的時候，行為就會很理性。在談判中，如果雙方都能理解並且解釋對方的觀點，就更有機會達成決議。

Chapter 8

過度自信與
談判者的行爲

你已經看到了許多偏誤的觀念都會降低決策與談判結果的品質。很多人在談判的時候表現很差，之所以會受到這些偏誤的影響，原因就在於談判時常見的最後一個錯誤：過度自信。如果將前幾章我們所探討的偏誤結合在一起，會讓人大幅增加自己在判斷和選擇時的信心，尤其在面對中、高級難度的議題時更是如此。在這一章，我們要探討過度自信的害處。先來檢視羅斯・強森（Ross Johnson）和他的經營團隊試圖買下雷諾—納貝斯克公司（RJR Nabisco）的經過：

雷諾—納貝斯克公司執行長羅斯・強森對股市表現很不滿意，因此認為槓桿收購才能提高股價，對股東最好。董事會組成了特別委員會，負責追求股東的最大利益。強森在和特別委員會談判時，根據不理性的假設採取了行動。因為他掌管這家公司，所以他認為這樁交易一定會如他的意，他所有的投資銀行家只

要協助融資就好。他還期望董事會能授權他管理這樁交易。他和全球知名的投資銀行美商雷曼兄弟公司的前身美商協利證券公司（Shearson Lehman Hutton, Inc.）一起提案，要以每股 75 美元收購自己的公司。在這樁交易中，公司的經營團隊只需要出 2,000 萬美元，或交易額的 8.5%。如果董事會接受，他們可以獲得這家公司 18% 以上的股份。雖然強森堅持股份要分配給公司的 15,000 名員工，但受益人名單上只有六個名字；事實上，這個提案讓《紐約時報》封強森為「搶錢大亨」。

強森和他的經營團隊對自己成交的能力過度自信，以致忽略了董事會的諸多警告，他們也絲毫沒有讓步。此外，他們沒有認真考慮其他公司可能會加入競爭行列，所以也沒有任何計畫。強森自認是最強的出價人，而且他有能力買下公司，但是最後卻輸給了擅長槓桿收購、號稱華爾街收購之王的投資銀行公司 KKR 集團（Kohlberg, Kravis, and Roberts）。KKR 最終出價每股 109 元，儘管強森出價更高，還是沒能成交。強森逼得董事會對他懷有強烈的成見，最後選擇了 KKR。KKR 在談判中表現出彈性，且關心雷諾─納貝斯克公司未來的興衰，當然比過度自信又傲慢的強森更能

獲得青睞。

強森對他的判斷太過自信,但不是只有他才有這個問題,每個人在做複雜的決定時都要對抗這個偏誤。在我們繼續討論過度自信之前,先花個幾分鐘完成以下的測驗。

下方所列問題,你可能都不知道答案。請在每個問題前面寫下你的答案,然後加上一個範圍,創造一個「信心區間」,再告訴我們你有多少把握。例如,你對答案會落在你設定的範圍內有 95% 的信心。

_____ 1. 通用汽車在 1990 年的產量?

_____ 2. IBM 在 1989 年的資產?

_____ 3. 1990 年 3 月 31 日當天流通的 5 元美鈔有幾張?

_____ 4. 密西根湖的面積?

_____ 5. 1990 年時,西班牙巴塞隆納的人口?

_____ 6. 美國國稅局在 1970 年的稅收?

_____ 7. 阿拉斯加州最大城安克拉治的平均年降雪量?

_____ 8. 舊金山公立圖書館 26 座分館的總藏書量?

_____ 9. 1998 年年底消費者信用貸款的應收金額?

_____ 10. 1990 年夏威夷檀香山獨棟住宅的房價中數?

上述問題的正確答案分別是:(1)3,213,752 輛;(2)77,734,000,000 美元;(3)5,772,195,480 張;(4)67,900 平方

英里；（5）4,163,000 人；（6）195,722,096,497 美元；（7）68.5 英寸；（8）1,749,129 冊；（9）728,900,000,000 美元；（10）290,400 美元。正確答案有沒有落入你的信心區間？假設你有 95% 的信心，那應該會答對 9 到 10 題。

如果你答對了 9 到 10 題，那我們可以說你對自己的估計能力很有自信。不過，多數宣稱自信程度達到 95% 的人，正確率僅介於 30% 至 70% 之間而已。為什麼會這樣？因為大多數的人對自己的估計能力太過自信，沒有感覺到不確定性的存在。

再想想下方這個比較能夠實際應用的情境：

你是大聯盟棒球選手的顧問。在棒球界，當選手和球團對於薪酬沒有共識的時候，就會提報價給仲裁員，仲裁員一定要接受其中一方的立場，不能妥協。所以選手和球團雙方面對的挑戰，就是報價要比對方更接近仲裁員眼中最合理的薪酬。在這個案例中，你認為球團會出價年薪 30 萬美元，但是你相信這個球員應該值 50 萬美元，而你估計仲裁員的意見會是 40 萬美元。你的最終報價會是多少？

這是個很常見的陷阱題，因為過度自信的人相信自己的判斷正確無誤，就很可能在評估公正第三方的意見和自己贏得談判的機會時太過自信。在這個棒球的案例中，如果仲裁

員眞的認爲球員年薪應該是 40 萬美元，而你覺得應該是 50 萬美元，你就有可能會提出過高的報價，並且高估了這個報價被接受的可能性。因此，這份膨脹的信心可能會導致身爲顧問的你，自認爲在經過客觀的分析後，不需要妥協。事實上，經紀人和球團經常會犯這個錯。

我們在談判者行爲的研究中，請參與最後仲裁的談判人員，估計他們的報價有多少被接受的機會。在前述棒球的案例中，仲裁員只能接受其中一方的報價，不能協調；因此，任何一方被接受的機率一定都是 50%（兩份報價選一份）。平均下來，談判人員認爲自己的報價被接受的可能性爲 68%。如果有一方被接受的機率是 68%，那表示另一方被接受的機率只有 32%──但客觀來說，雙方都是 50%。這些談判人員都太過自信了，他們的估計比客觀判斷高出了 18%。

過度自信可能會局限許多可能會被接受的和解方式。當太過自信，認爲自己的立場會被接受時，這個心態就減少了願意妥協的動機。如果評估能夠更爲精確，或許就會對報價被成功接受的可能保持不確定性，就更有意願提出或接納妥協的方案。

我們在另一份針對訓練效果的研究中，展示了調節自信程度的效果。我們訓練一群談判人員，讓他們清楚過度自信的偏誤後，發現沒有接受訓練的談判人員對提案的成功率比較有把握，因此比較不願意妥協或（在仲裁前）達成共識。

除了訓練之外，參考合格顧問的建議也是個調節信心的方法。但是很多時候你必須在沒有顧問協助的情況下談判，此時你一定要用其他方法來避免信心膨脹。例如，可以請別人解釋為什麼他們的決定可能是錯的（或偏離目標）：這個策略可以讓當事人看到他們的判斷中有哪些明顯的問題。每個人都應該時時提醒自己：過度自信最可能發生在自己所知有限的時候。

請中立的第三方客觀評估情勢和立場也很有用，那可能會讓你得到比較接近對方立場的評估──比你的直覺更接近，這就能幫助你降低自己原本「自以為是」的心態。

過度自信氾濫的程度

雖然訓練確實有用，但是過度自信的問題仍然很難完全根治。其中一個原因或許就是前面幾章所探討的談判偏誤可能會相互結合，讓談判人員對自己的評估和判斷過度自信。讓我們檢視其他的偏誤。

定錨

特沃斯基和康納曼用定錨的道理來解釋過度自信。他們

認為，當人們被要求對判斷或是答案設定一個自信範圍的時候，他們初始的估計就成了錨點，誤導他們設下的範圍。因為一旦定錨之後，調整幅度往往很有限，所以信心範圍就太狹隘了。

贏家的詛咒

贏家的詛咒意指主事者獲得的資訊比對手少。如同前一章所述，會造成贏家的詛咒就是因為主事者忽略了對方的觀點。這會讓談判人員更容易信心膨脹，就像第二章的 20 元美鈔拍賣案例所顯示的那樣 —— 只有在僅考慮自己觀點的情況下，才會認為參與競標是合理的行為；否則，應該很容易就能看出參與競標其實是不理性的行為。

基於需求而生的假象

人們都會扭曲自己對情勢的觀察，讓自己覺得能夠勝任，因此擁有更多的安全感。這種扭曲就會造成「基於需求而生的假象」。和我們討論過的其他偏誤一樣，這種假象也會導致不理性的行為；不同之處在於，基於需求而生的假象擁有驅動力，會讓情勢看起來更有利，因而影響了決策與談判時的表現。

基於需求而生的假象有三種：優越感的假象、樂觀的假象，以及控制的假象。優越感的假象是根據不切實際的自我感覺良好。很多人相信，平均來說，他們比其他人更誠實、能幹、聰明、有禮、公平，或擁有更多卓越的見識。他們認為自己在成功的過程中有很多功勞，但失敗都是別人的錯，而且在他們成功時也不會給別人功勞。心理學家羅德‧克雷默（Rod Kramer）和他的同事發現，談判人員比較容易認為和對手相比，自己比較有彈性、能力、使命感、配合度，也比較公平與誠實。

　　樂觀的假象意指，一般而言，人們會低估未來自己碰到「壞事」的機率，而高估自己未來碰到「好事」的可能性。

　　控制的假象意指，自以為能控制結果，但其實自己對結果的影響力沒有那麼高，就算是擲骰子這麼明顯的隨機事件也一樣。我們意外發現，人們願意在沒有參與過的比賽中投注比較多錢，參與過的比賽投注金額就會少一點；其實兩者的結果都一樣是無法預知的，但人們卻相信他們的賭注會影響結果。

　　這些基於需求而生的假象會引導人們只看到自己想看的世界，而不是真實的世界。正是因為如此，主事者通常對自己的判斷很有安全感，對選擇的「正確性」也很有信心，但實際上他們應該調整信心程度才是。

求證陷阱

如我們之前所指出的，當人們擁有特定的期望或信念時，便容易忽略相牴觸的資訊。想想以下我們在課堂上所出的這個問題：

我們用三個數字形成一個序列：2、4、6，你的任務是要發現這個序列的規則。你可以提出其他三個數字的序列，來確認是否符合我們所用的規則。如果你認為找到了我們的規則，就可以停下來。你要怎麼進行？

在我們課堂上，第一批答案通常是4、6、8或是10、12、14，大家認為我們用的規則是「偶數升冪」。我們的規則確實可以創造出這樣的組合，但那並不是正確答案。接著同學就會提出5、10、15或100、200、300這樣的答案，他們認為規則是「第三個數字是前兩個數字的總和」，但這依然不是我們所用的規則。

我們所採取的規則其實是「任意三個由小到大的數字」。要找出答案，就必須累積**牴觸既有觀點的資訊**，而不是力求證明自己是對的。要發現真正的規則和你所設想的究竟有什麼差異，就一定要嘗試**不符合**你設定的數字。若是提出「1、2、3」「10、15、20」「122、126、130」等組合，只會讓

你落入求證陷阱。想要找到正確的規則，就必須經常願意反駁自己。

人們通常不會反駁自己最初的信念。史丹佛大學的三位學者查爾斯·洛德（Charles Lord）、李·羅斯（Lee Ross）和馬克·雷波（Mark Lepper），根據受試者支持或反對死刑的立場為其分組，進行實驗。

三位學者給受試者看了兩份（可能是）真的研究報告，其中一份與受試者的立場相同，另一份則與受試者的立場相悖。他們在閱讀這兩份研究報告的時候，多次被要求評估報告的品質，結果雙方都認為支持自己觀點的那份報告比較有公信力，而且寫得比較好。此外，閱讀這兩份報告的淨效應更分化了兩派的信念。人們似乎比較容易採納他們認同的資訊，而挑剔他們不認同的資訊。

在開始談判的時候，通常都有一個達成共識的策略。主事者會以成功為目標，並據此發展出他們的策略。我們相信，如果採用一個截然不同的觀點，會更有效用，那就是：明白自己最初的策略可能沒有用，而你要搜尋新的資訊來反駁你的策略。如果你不夠開放，無法接受反駁的資訊，你可能就很難在碰到意外的情境時調整自己的策略。

回顧：坎波—聯合百貨併購案

我們在第二章認爲，坎波併購聯合百貨之所以會失敗，是因爲他不理性地堅持要收購聯合百貨。事實上，在他的失敗背後可能還有其他的偏誤因素。

坎波在房地產市場所取得的高度成就，或許是定錨於他過去的成功，而那部分來自他不服膺主流觀點的逆向思考。如果他成功了，大家就會把他當成特立獨行的怪才；但因爲他失敗了，所以飽受批評（運氣和人們會如何感受自己的決策力很有關係）。控制的假象和樂觀的假象可能也導致他過度自信——他過去很成功，所以他認爲他還能繼續成功。

一旦假象控制了心智，坎波膨脹的信心就受到支持他立場的資訊所滋養，讓他期待這場併購案可以變成利潤豐厚的投資，這也讓他很可能會忽略所有指出他高估聯合百貨的資訊。

最後，坎波顯然無視對手的資訊和觀點——梅西百貨的高階主管對零售業的了解可能更勝於坎波，他們會涉入就代表併購可能有利可圖。而且，他們也比較擅長評估聯合百貨的價值，知道什麼時候應該抽手。

因此，這一連串的偏誤害了坎波，讓他無法達成高品質的談判結果。任何人都有可能挖洞給自己跳。下一部分，我們要詳細檢視談判的兩大策略觀點：整合型與分配型議價。

第二部

談判的
理性框架

Chapter

9

理性地思考談判

在本書的第一部分，我們說明了主事者為何以及如何會在談判中做出不理性的決定，現在我們要來檢視：在很多人都採取不理性行為的世界中，**應該**如何做出決策。要理性談判，就一定要明白是什麼因素讓你有時候會不理性地思考，並了解你的對手也有不理性的一面。

本章將檢視理性談判過程的兩大關鍵元素：第一，高效的主事者一定要客觀評估各方除了談判結果以外還有什麼備案，以及對手的利益和議題的輕重順序；這三筆資訊合在一起就決定了談判的架構。第二，高效的主事者一定要理解談判的整合面與分配面，才能增加可用資源，自己的那一份也才能大一點。我們會根據第一部分所說明的七種病症來提供解方，避免你犯下常見的錯誤，導致無法發展出理性的談判策略。

談判中該評估的資訊

談判協議的最佳替代方案

在你開始任何重要的談判之前，應該先想：如果無法達成共識會有什麼後果？你必須要先決定「談判協議的最佳替代方案」（Best Alternative To a Negotiated Agreement, BATNA）（後文簡稱「最佳替代方案」）。這很重要，因為最佳替代方案決定了你的底線，也就是談判時你願意接受的最低價值為何。如果雙方無法達成共識，有時會以最佳替代方案達成和解。因此，任何共識只要比最佳替代方案要好，就勝過陷入僵局或死路。

多數人在展開談判的時候都有個概括的目標，或至少對他們想要達成的目標有點想法；不過，許多人不會特別設定自己或對手的**保留價格**。所謂的「保留價格」是指，一旦過了這個價格，你對能否達成共識就沒有興趣了，亦即只要低於保留價格，談判就破局了。保留價格和最佳替代方案密切相關，舉例來說，你在考慮要不要和特定經銷商購買新車，你可以考慮的備案是搭乘大眾運輸；或者，你的最佳替代方案是向其他經銷商購買同一個車款，那麼你的保留價格就是第二位經銷商的售價。拿到第二份報價當然比較容易，要為搭乘大眾運輸的方案定價顯然比較困難；不過，不管是哪種

情況，你都可以決定最佳替代方案的價值。有了最佳替代方案，就可以在破局之前理性評估自己願意出的最高價位。如果你的出價很接近保留價格，結果被拒絕了，你就會知道自己不會再讓步了。切記：**談判的目標不只是要達成共識，而是達成共識之後應該要讓你比沒有共識的情況更好。**

　　雖然說談判時要清楚自己備案的這個道理好像很淺顯易懂，大多數的人卻都不會採取這個理性的步驟。常見的例子就是所謂的「週末夜房價諮詢熱線」。在美國，待售住宅通常會在週日開放參觀，我們這些教談判的人就常會在週日夜晚接到朋友、朋友的朋友、親戚的朋友來電，內容不外是：

瑪姬好：

　　妳不認識我，但我們都認識莎拉。我今天下午去看了一間房子，然後跟莎拉提起這件事。那間房子真的超讚，我愛死了！他們出價 24 萬 9 千美元。廚房的木櫃真的很別緻……（下略 15 分鐘不必要的細節）……總之，我傍晚出價 22 萬 2 千，他們說願意降價到 23 萬 7 千。我就跟莎拉講這件事，她推薦我來問問妳下一步該怎麼做。妳有什麼建議呢？

　　我們一點也不喜歡接到這種電話，對我們來說這是個必輸的局面──如果我們建議她再多出一點，她會覺得我們不夠專業；如果我們的建議導致她錯過這間房子，她會生我們

的氣，特別是這間房子「超讚」的時候。很遺憾，要用最低價採購，就表示你要承擔別人出價更高的風險。事實上，只要你不接受對方的售價，都有破局的風險。

處方一：評估如果無法與對手達成共識，你會怎麼做？

我們究竟能給她什麼建議呢？我認為她已經違反了買房子（或擇偶以外的其他重要交易）最主要的原則：「天涯何處無芳草，何必單戀一支花？」要在資訊充分的情況下做決策，買家一定要先思考如果買不成會怎樣。次佳備案是否吸引人？如果已經到了買家只愛這房子、非買不可的程度，議價能力就弱了。

當你單戀一間房子（或一輛車、一家公司），就無法清楚、理性地思考最佳替代方案，這會拖累你在談判中的競爭優勢。如果有備案，就比較能夠承擔失去第一間房子的風險，等著對方讓步。備案能夠強化你的立場。

處方二：評估若對手無法與你達成共識，對手會怎麼做？

人們很少理性地思考替代方案，而且如我們在第七章提過的，更少有人想過對手的決定和備案。如果思考過對方的處境和協議之外的可能備案，就能獲得充足的資訊，更清楚對方在離開談判桌以前，願意談到什麼程度。舉例來說，如果這間房子的賣家已經買了新房子，那他們的行為就會和還

在測試市場水溫的賣家很不一樣。有了這個資訊，潛在買家就有了顯著的優勢。

雖然要評估對手的備案很難，但應該要隨時清楚自己的最佳替代方案，並盡力評估對手的最佳替代方案。

各方的利益

處方三：評估談判中真正的議題為何。

要完整分析談判的情勢，就要搞清楚各方的利益。哈佛大學學者羅傑・費雪（Roger Fisher）和威廉・尤瑞（Bill Ury）強調，談判人員一定要能夠區分立場和根本利益。立場是指一方對另一方所提出來的要求；利益則是指即使沒有公開，卻是各方真正的欲望。有時候，專心處理利益可以找出更多有效的解決方案。我們來檢視這個例子：

以色列和埃及在達成〈大衛營協議〉之前，雙方都宣稱他們的利益就是要擁有西奈半島。他們在針對西奈半島的控制權談判時，似乎雙方的目標相斥——埃及想要西奈半島能夠回歸；而以色列自 1967 年六日戰爭後就占據了西奈半島，因此拒絕埃及的要求。雙方無法妥協，兩邊也都不願意接受分割西奈半島。

因此，如果談判只聚焦在雙方提出的立場，讓兩國取得西奈半島的控制權，那就不可能有解決方案。

不過，談判後來產生了決議，因為雙方更清楚他們根本的利益：埃及想要擁有這片土地，以色列要的是軍事安全。

各方利益的相對重要性

處方四：評估各個議題對你的重要性。

主事者在談判過程中通常要考慮多項利益，卻不太會評估各利益的相對重要性。要充分準備談判，一定要能清楚區分這些議題的價值排序，這樣就能在比較不重要的議題上讓步，在更重要的議題上有所進展，完成有效的交換。在以色列與埃及的衝突中，埃及比較在乎土地擁有權，以色列比較在乎土地提供的安全感。大衛營的解決方案之所以能產生，就是因為他們在兩大議題上交換利益：以色列把西奈半島還給埃及，換得非軍事區域的保證和以色列的新空軍基地。

處方五：評估每個議題對你的對手的重要性。

雖然你可能經常發現自己沒有足夠的資訊來衡量對方真正的偏好，但認知到資訊不足非常重要。這會幫你釐清談判

過程中你需要哪些資訊。因為每一方都想要說服對方，你可以從中獲得很多重要的資訊。人們往往不把談判視為提升資訊質量，以及更了解對手的機會。當你知道自己缺乏什麼資訊，就不會犯前述的錯誤。清楚對方擁有你不知道的寶貴資訊，絕對勝過你在資訊不足的情況下，建構預設立場。

備案、利益及其相對的重要性，讓我們能據以分析談判中的整合面與分配面。先評估這些資訊再開始重要的談判，就可以讓你做足準備，來分析談判的兩大任務：（1）整合——運用所有可能的資源把餅做大；（2）分配——分這塊餅。

知名學者理查·華爾頓（Richard Walton）和羅伯特·麥克西（Robert McKersie）率先提出，在勞資關係的脈絡中談判，需要同時思考上述兩個面向。本章的分析即延伸自他們早期的研究，並加以應用。

談判的分配與整合

分配型談判與議價區

所有談判都是要分配結果。若談判中只有一項議題，那就是純粹的分配型談判，一方之所得是另一方之所失。舉例來說，Y 公司（買家）有意收購 X 公司（賣家）。X 公司不

知道 Y 公司雖然出價 1,800 萬美元，卻認為 X 公司值 3,000 萬美元（這是 Y 公司的最佳替代方案），只要在 3,000 萬美元以內，Y 公司都不願意錯失這個機會。另一方面，Y 公司不知道的是，雖然 X 公司開價 3,500 萬美元，但其實只要出價在 2,000 萬美元以上，X 公司就願意售出（這是 X 公司的最佳替代方案）。

班傑明・富蘭克林說：「一樁交易若不是對相關各方都有利，就不會發生。在議價立場允許的範圍內，如果能夠談出好價錢，當然更為理想。最壞的結果就是因為太貪心，導致議價失敗，原本對雙方都有利的交易就此無疾而終。」在銷售過程中，賣家會傾向最高價，買家會傾向最低價。困難之處就在於找出兩方的價格區間，究竟有沒有重疊。

針對上述案例，我們通常會被問到，在談判過程中態度是該強硬還是溫和。假如典型的溫和派談判人員用 2,200 萬美元把 X 公司給賣了，他可能會認為，和那些無法達成共識的人相比，他至少獲得了比較好的結果；假如典型的強硬派談判人員用 2,800 萬美元把 X 公司給賣了，他可能會認為成功的唯一方法就是態度強硬（請注意，這只有在對手溫和，願意付 2,800 萬的時候才會成交），其他方式都會破局。他們為什麼找不到那 1,000 萬的區間，達成共識呢？為什麼他們不聽富蘭克林的建議呢？當雙方都採取強硬的策略，認為對方會退讓，自信地認為只有強者能生存下來，那麼結果就

是破局。

　　所以強硬好還是溫和好？我們建議理性比較好。有時候你要強硬，有時候你要溫和；理性的人會評估每一場談判，創造出最適合那個脈絡的策略。世界上沒有保證成功且一體適用的策略。思考一下你的最佳替代方案，**以及**對手的最佳替代方案，對議價區做出最好的評判，找到雙方都能同意的和解範圍。X 公司交易案的**議價區**可以用圖表 9-1 呈現。

圖表 9-1　Y 公司購買 X 公司示意圖

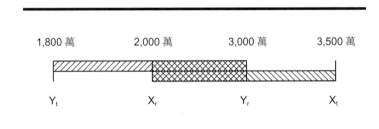

Yt：Y 公司的目標價格，即 Y 公司願意付 1,800 萬。
Xr：X 公司的保留價格，低於這個價格，X 公司就不想賣了：2,000 萬。
Yr：Y 公司的保留價格，高於這個價格，Y 公司就不想買了：3,000 萬。
Xt：X 公司的目標價格，即 X 公司願意接受 3,500 萬。

處方六：評估議價區。

　　圖表 9-1 的議價區就是在分配型談判中，雙方的可接受價格範圍有所重疊的部分。圖表中，範圍的兩端就是雙方的保留價格。因此，在 2,000 萬至 3,000 萬美元中間，就是雙方

交易意願大過破局意願的區間。當雙方的保留價格重疊時，兩邊都可以從共識中獲利。反之，如果保留價格沒有重疊，那就不會產生議價區，也不會有兩邊都能接受的和解方案。

如果 Y 公司說服 X 公司最終報價是 2,100 萬美元，X 公司可能還是會接受；反過來說，如果 X 公司能說服 Y 公司出至少 2,900 萬美元，Y 公司或許也會接受。

談判中最重要的資訊依然是對手的保留價格。如果一方能發現對方的保留價格，又不透露自己的，就可以讓決議盡量逼近對方的底線。過於極端的要求，如果比對手的最佳替代方案還差，那就不會有任何結果。例如，不管 Y 公司的說服力有多強，X 公司都不會接受 1,500 萬美元的出價。若要表現強硬，就一定要先知道議價區。了解對手的最佳替代方案，可以讓你判斷自己的出價是保守、積極還是毫無道理。

和破局相比，在議價區裡的任何協議都可以創造出 1,000 萬美元的價值。如果雙方以 2,400 萬美元成交，那麼對 X 公司而言，他們比最佳替代方案多拿了 400 萬美元；對 Y 公司而言，他們比最佳替代方案少付了 600 萬美元。因此，理性談判的時候，分配型決議能夠讓雙方都獲利。

通常在談判前，主事者會先想個可能的決議金額，不過他們往往在思考自己的目標價格時花費太多時間，卻沒有好好思考保留價格和議價區。提出一個對方不會答應的價格並沒有好處，應該要把焦點集中在他們願意付出的最高金額。

整合型談判

處方七：評估交換的機會在哪裡。

有時候仔細評估各方的偏好與利益，能夠比單純的分配型談判，產生出更多對大家都好的結論；這就是整合型談判的基礎。我們在第三章已經討論過，大餅迷思讓人無法做出有利的交換；我們也討論過原本能夠讓兩邊都獲利的談判，後來卻被態度給毀了。理解談判中的潛議題，及其對雙方的相對重要性，可以讓你避免大餅迷思，綜合議題，做出有利的交換。

管理理論之母瑪麗·帕克·芙麗特（Mary Parker Follet）曾用兩姊妹爭橘子的故事為例：如果要妥協並平分這顆橘子，兩人都只能得到半顆。但若是用橘子汁換橘子皮，姊姊就能得到她要的橘子汁，妹妹就能得到烤蛋糕需要的橘子皮。

在這場非常幸運的交易裡，雙方都能獲得自己想要的部分，但是真實世界往往不是這樣。比較常見的是，一方要放棄他們比較不在乎的東西，以換取他們在乎的。但如果你很清楚地理解每一方的利益和這些利益對他們的重要性，你的談判就能既理性又成功。

整合性協議有許多優點。首先，整合性協議可以比單純的分配型協議創造出更好的決議；第二，在〈大衛營協議〉

的例子裡，如果沒有找出整合的目標，就不可能達成共識；第三，整合型談判會創造解決問題的氣氛，找出對雙方都有利的交換方式，也會產生品質比較高的共識，強化雙方的關係。不過，整合型協議的優點雖然很明確，一般卻不知道要怎麼進行。談判中，當各項議題浮現之後，就要馬上尋找交換的機會，以及把餅做大的方法。

理性談判的障礙：期待的解法

　　處方八：評估自己受到各項偏誤影響的程度，包括：（1）不理性地堅持到底；（2）大餅迷思；（3）定錨與調整；（4）談判的框架；（5）取得資訊的難易度；（6）贏家的詛咒；（7）過度自信。

　　本章開始時擘畫了一個框架，以能在思考談判的時候運用。這個框架顯示出，只要理性地分辨所有議題和各方對議題在乎的程度，並且理性地尋找議價區，就能把餅做大，同時也把自己可得的那一份變大。但本章的處方都有前提，那就是你必須遵循理性談判的建議。要記得第二章至第八章所討論的各種偏誤，避免它們降低了你理性行動的能力。我們鼓勵你「反省、審視」自己的判斷，確保你的思維沒有受到這些偏誤的影響而變得不理性。當你在談判中要做出重大決

策之前，先問問自己：這個決定合不合理？你是不是只想合理化之前的決定（而不理性地堅持到底、不斷加碼）？就像這樣，反覆地用其他六項偏誤，來反省和審視自己的決定。

　　處方九：評估對手受到各項偏誤影響的程度，包括：（1）不理性地堅持到底；（2）大餅迷思；（3）定錨與調整；（4）談判的框架；（5）取得資訊的難易度；（6）贏家的詛咒；（7）過度自信。

　　本章的處方要求你集中思考對手的決策，這表示你應該要精確地衡量對手可能受到哪些偏誤影響。藉由務實地思考著對方，你就更能預期與回應他們在談判中做的決定。

　　審視自己和對手的決策偏誤後，再搭配以下兩章的處方，就能有長足的進步，達成理性的結果。

Chapter

10 合資談判

本章將分析一起談判案例，說明理性思考的流程，並運用第九章的處方。我們會檢視談判中的整合面與分配面，並指出你應該迴避的幾種錯誤。

以新型止痛藥為例

你是美國頂尖的北方製藥公司副總裁，該公司是成藥界的龍頭（專售不需處方籤就能夠在藥局裡買到的藥品），還有一個更小的部門在生產處方藥。北方製藥的弱點，就是在龐大的止痛成藥市場內的存在感不夠強，而這個市場主要分為三個類別：阿斯匹靈類藥物、乙醯氨酚類藥物（如泰諾）和布洛芬類藥物（如莫疼）。你的分析師最近聽說在湯普森公司所販售的處方藥中，有個藥效較低的「慢疼緩和版」藥物，已經通過食藥署核可了。你相信你的行銷部門可以為這種藥建立一個成藥類別，和其他的止痛成藥競爭。

湯普森是一家重視品質的公司，可是不擅長把成藥推向大眾市場。過去，湯普森從來沒有把產品的權利賣給其他公司過，因為他們對自己的研發成就感到相當自豪，也很重視專業形象。你的目標是要評估和湯普森成功合資推出成藥的機會，讓兩邊都受惠。

處方一：評估如果無法與對手達成共識，你會怎麼做？

　　你要很清楚如果沒有辦法拿到藥品的銷售權要怎麼辦。你要研究這項議題，並決定在可預見的未來，是否要自絕於止痛成藥的市場。因此，在決定是否和湯普森共事前，可以先估算這個新藥的獲利能力底線。你的分析師預測：未來六年內，若湯普森維持獨家製造權利的話，淨利可達 3,000 萬美元。在湯普森的專利過期之後，任何公司就都可以生產、銷售這款藥品，因此它的獲利能力就大幅下降了。

處方二：評估若對手無法與你達成共識，對手會怎麼做？

　　你的分析師估計，如果該款藥品不走向成藥，而維持是處方藥，湯普森的獲利能力約為 1,200 萬美元。你不認為湯普森會和其他公司合資，因此雙方似乎有合作的空間，可以結合湯普森的藥品和北方製藥的成藥行銷能力。儘管你的分析師認為他們需要更多資料才能精準評估，但湯普森已經同意和你見面，討論合資的可行性了。

處方三：評估談判中真正的議題為何。

這個案件中最明顯的議題就是——打造出慢疼成藥之後要怎麼分潤，細想過後就會導出其他重要的議題，例如湯普森會想要保留慢疼的處方藥市場，而你認為他們繼續積極行銷處方藥的時間可以討論。「積極行銷」表示他們的業務和推廣能量都會用來鼓勵醫生開立處方籤，讓病患服用這款處方藥，如果不投入這類行銷，銷售量就會下跌；不過，從你的立場來看，病患拿到處方籤就不會去買成藥。換言之，繼續積極行銷處方藥，就會減少成藥的利潤。

處方四：評估各個議題對你的重要性。

限制湯普森積極行銷處方藥的同時，也會影響成藥的獲利能力。如果積極行銷處方藥，成藥對藥師來說就會比較沒有吸引力，因為還有很多利潤豐厚的產品都在覬覦有限的成藥上架空間。3,000 萬美元的利潤可能會因為處方藥和成藥之間的競爭，每年減少 200 萬（最多持續六年）。

處方五：評估每個議題對你的對手的重要性。

知道湯普森可能想要繼續行銷處方藥後，談判中的關鍵議題就是要發掘湯普森做這個決定的機會成本。要找到這類資訊通常很難，我們在第十一章將深入討論這點。現在，先假設湯普森在之前的討論中透露了：

只要能繼續積極行銷處方藥,成藥的銷售量就不會傷害我們的處方藥業務,這對我們在製藥公司中名列前茅的形象非常重要。我們並不期待在未來兩年多內會有個產品和慢疼處方藥一樣成功,所以我們一定要在專利期內能夠繼續行銷。若我們不能繼續銷售的話,第一年的損失就會高達 400 萬美元,第二年達到 250 萬美元,第三年則是 100 萬美元,接下來每年將損失 50 萬美元。因此,在六年專利期之內,我們的獲利能力總計會減少 900 萬美元。

評估了備案以及各項議題對你和對湯普森的相對價值之後,你就準備好要從整合面和分配面來分析局勢了。

分配面

為了簡化討論,先假設你要針對合資進行談判,其中有個條款要求湯普森立即停止積極行銷慢疼處方藥(我們晚一點會回頭看這個假設)。3,000 萬美元的利潤要如何分配,如圖表 10-1 的議價區所示。

處方六:評估議價區。

務必記得,雙方可能都對談判結果過度樂觀(參見第八章)。你可能希望湯普森接受六分之一的利潤就好,但這個

圖表 10-1　合資談判的議價區圖

湯普森可以分到多少？

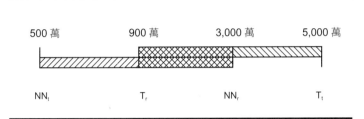

NN_t：北方製藥的目標價格。你很樂意從合資產生的利潤中分給湯普森 500 萬（六分之一）。

T_r：湯普森的保留價格。他們若停止積極行銷慢疼處方藥，營收會損失 900 萬。因此，如果利潤沒有超過 900 萬，他們就不會進行合資。

NN_r：北方製藥的保留價格。這項藥品對你價值 3,000 萬。你不願意付湯普森更多，這個金額以下的價格都是你的期望利潤。

T_t：湯普森的目標價格。他們想要拿到的高價（或許他們不清楚慢疼成藥的潛在價值）。

價格是不切實際的，因為在這種情況下，他們不推出慢疼成藥的業績反而更好。你也要明白，湯普森可能也會有個不切實際的目標價格，而你要避免他們定錨在那個價格上。

　　你可以更理性地思考，檢視保留價格。在破局之前，都有機會達成雙邊共識（即 900 萬至 3,000 萬之間）。這個廣闊又正面的議價區，讓我們看出雙方都可以在共識中獲得豐厚的利潤。如果你的評估很精確，而且能夠說服湯普森你最多只願意出價 1,000 萬美元，他們很有可能會接受；反之，

湯普森也可能會說服你,他們願意接受的最低價格是 2,500
萬美元,而你可能也會同意,畢竟 500 萬美元的獲利起碼勝
過完全沒有共識。

你可以從這份分配型的分析中得到結論:雙方達成共識
的空間很大,在這個範圍內所做出的結論都勝過破局。然而
就算是在這種情況下,還是有人會搞到破局。理性思考這個
案件的分配面,可以增加你達成互惠共識的機會。理性思考
議價區可以提升你的能力,為你的公司爭取到最大利潤。

整合面

上一段把談判內容限制在一項議題,也就是慢疼成藥的
權利金。就定義來說,單項議題的談判都是分配型的。增加
額外的議題因為會多了其他的利益,因此可能也會增加雙方
的總利益。尋找新的備案通常需要靠有創意的解決方式,就
可以導向整合型的共識,讓每一方都拿到更大的餅。

處方七:評估交換的機會在哪裡。

請記得:限制湯普森積極行銷處方藥,表示他們會有所
損失,而對你的公司有利。開始談判前,你可以探討在不同
的限制期間下,合資對你的價值,如圖表 10-2 所示。

圖表 10-2　北方製藥的收益表

結果	藥品生命週期內 北方製藥可望 獲得的利潤
不合資	0
合資：湯普森立刻停止積極行銷處方藥	30-P
合資：湯普森一年後停止積極行銷處方藥	28-P
合資：湯普森兩年後停止積極行銷處方藥	26-P
合資：湯普森三年後停止積極行銷處方藥	24-P
合資：湯普森四年後停止積極行銷處方藥	22-P
合資：湯普森五年後停止積極行銷處方藥	20-P
合資：湯普森在六年專利期內都持續積極行銷處方藥	18-P

P：北方製藥付給湯普森的權利金。　　　　　　　　　　（單位：百萬美元）

　　第一項結果，沒有共識就沒有回報。從第二項結果可以看出，如果雙方合資，湯普森並立刻停止積極行銷處方藥，那麼合資利潤可達 3,000 萬美元。而你的公司實際上可以獲得的利潤，是這個金額減掉付給湯普森授權你的公司銷售成藥的**權利金**。我們可以從湯普森銷售處方藥的年限來發展備案。例如，若湯普森三年後才停售處方藥，那合資利潤就降到了 2,400 萬美元。

　　許多人不習慣以量化的方式完整評估談判中的所有議題，但為了有效談判，你一定要有能力可以比較出所有議題潛在的利益交換方式。一個方法是建立你個人評估與量化談

判中不同議題和可能結果的系統，這樣的公式可以讓你有效地比較不同的議題，並找到交換方式，把你重視的價值盡量放大。

利用湯普森的行銷資訊，我們可以把個別決定對他們的價值整理成圖表 10-3，並獲得許多有用的內情。首先，如果不合資，湯普森靠自己就能賺 1,200 萬美元，他們當然不可能接受任何低於 1,200 萬美元的金額。第二，顯然對他們來說，在保有專利的期間繼續行銷處方藥很重要。這項資訊以及他們的行銷會持續造成你的損失，合併在一起就為你們可能交換的方向提供了指引。

圖表 10-3　湯普森的收益表

結果	藥品生命週期內湯普森可望獲得的利潤
不合資	12
合資：湯普森立刻停止積極行銷處方藥	3+P
合資：湯普森一年後停止積極行銷處方藥	7+P
合資：湯普森兩年後停止積極行銷處方藥	9.5+P
合資：湯普森三年後停止積極行銷處方藥	10.5+P
合資：湯普森四年後停止積極行銷處方藥	11+P
合資：湯普森五年後停止積極行銷處方藥	11.5+P
合資：湯普森在六年專利期內都持續積極行銷處方藥	12+P

P：北方製藥付給湯普森的權利金。　　　　　　　　（單位：百萬美元）

圖表 10-4 則是把北方製藥和湯普森的獲益評估合併在一起，可以看出權利金和處方藥的銷售長度這兩項根本議題，影響雙方合資獲益的情形。圖表中的加乘數值，就是雙方產生共識後獲得的共同利潤，與沒有達成共識之間的差距。

圖表 10-4　北方製藥與湯普森合資收益表

結果	北方製藥	湯普森	北方製藥與湯普森合計	加乘
不合資	0	0	12	—
合資：湯普森立刻停止積極行銷處方藥	30-P	3+P	33	21
合資：湯普森一年後停止積極行銷處方藥	28-P	7+P	35	23
合資：湯普森兩年後停止積極行銷處方藥	26-P	9.5+P	35.5	23.5
合資：湯普森三年後停止積極行銷處方藥	24-P	10.5+P	34.5	22.5
合資：湯普森四年後停止積極行銷處方藥	22-P	11+P	33	21
合資：湯普森五年後停止積極行銷處方藥	20-P	11.5+P	31.5	19.5
合資：湯普森在六年專利期內都持續積極行銷處方藥	18-P	12+P	30	18

P：北方製藥付給湯普森的權利金。　　　　　　　　（單位：百萬美元）

圖表 10-4 顯示了不同的銷售年限會造成什麼影響。例如在方案二中，雙方確定合資，而湯普森立刻停止積極行銷處方藥，那麼加乘的價值就是 3,300 萬減 1,200 萬，等於 2,100 萬美元；這和我們之前畫出來的議價區一樣大。又如在方案四中，雙方確定合資，但湯普森只能多賣兩年，在這種情況下合計的獲利最高，達到 3,550 萬美元。

　　方案四和方案二相比，儘管你的合資利潤少了 400 萬美元（原本達 3,000 萬美元，選這個方案只有 2,600 萬美元），但是湯普森的利潤多了 650 萬美元（950 萬美元減 300 萬美元），方案四的加乘利潤比方案二要多出 250 萬美元。雖然你不希望對方繼續行銷處方藥，但是湯普森在這個情況下，會比較有可能因為可以繼續行銷處方藥而同意少拿一點合資利潤。

　　我們把這個合資案的分配型與整合型分析畫成圖表 10-5。Y 軸是湯普森的利潤，X 軸是北方製藥的利潤。A 線是湯普森的保留價格 1,200 萬美元，在這條線以下就會破局。圖上 45 度的斜線則代表雙方談好權利金之後將如何分配利潤。例如，最右方的虛線可產生 3,550 萬美元的利潤，而其他條線的利潤則在 3,000 萬至 3,500 萬美元之間。

　　若能在最右方的虛線達成共識，就能符合雙方的最佳利益。湯普森在這條線上愈接近你的保留價格愈好，而你則是希望愈接近湯普森的保留價格愈好。你和湯普森都想要達成

整合型共識，並且在權利金的分配型議題上盡力。不過，人們通常都會誤把注意力集中在其中一個面向，而不是同時審視兩邊。

圖表 10-5　北方製藥與湯普森合資案綜合分析圖

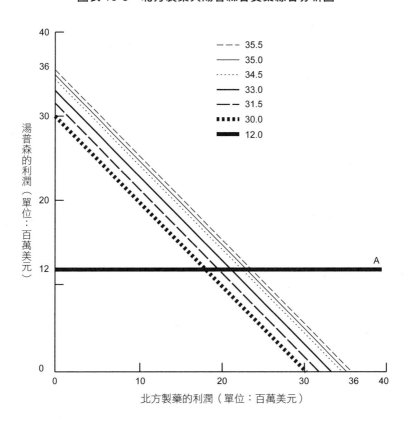

如果湯普森同意在合資的過程中只拿三分之一的利潤，就立刻停止積極行銷處方藥，他們就能獲得 300 萬美元加上 3,000 萬合資利潤的三分之一，總計 1,300 萬美元；而你可以獲得 3,000 萬合資利潤的三分之二，即 2,000 萬美元。雖然這項決議看起來對你來說還算不錯，但湯普森也有可能想要像圖表 10-4 的方案四一樣繼續行銷兩年（對他們來說價值 950 萬美元），再加上從合資利潤中可以獲得的 400 萬美元，而這個決議顯然對雙方更好。這樣一來，湯普森的利潤從 1,300 萬美元增加爲 1,350 萬美元，而你的利潤從 2,000 萬美元增加到 2,200 萬美元。

　　最右方的虛線代表完全整合資源所得的共識，因爲這條線上的每個點都是最好的結果，你不可能再找到更好的結果了。不過，發現了完全整合的共識後，還是要考慮分配型議題，以分配多出來的合資利益。

　　圖表 10-5 可以看到談判中理性思考的中心主題。理性思考絕對不能被限制在分配面或整合面而已。你要組織所有可用資訊，做出更理性的選擇，增加達成完全整合型共識的機會，並獲得最佳的分配型決議。

審視偏誤觀念

　　我們所設計的理性思考流程有個限制，即是以你會在分

析中運用客觀資訊為前提。不過，我們也說過你在處理資訊的過程中也會有偏誤。幸好，只要你多加留意，就能主動評估這些可能的偏誤觀念會如何影響你的決策。

處方八：評估自己受到各項偏誤影響的程度，包括：（1）不理性地堅持到底；（2）大餅迷思；（3）定錨與調整；（4）談判的框架；（5）取得資訊的難易度；（6）贏家的詛咒；（7）過度自信。

在代表北方製藥的時候，你應該要求湯普森停下所有的行銷活動，只因為那是你預設的立場嗎？還是你應該要積極尋找在行銷與分潤之間，可能存在的交易空間？你會不會把注意力過度集中於湯普森一開始要求的 5,000 萬美元與六年行銷期，讓他們的提案限制了這樁交易的可能性，為你的評估定錨？你是從一個受限制的框架來看這個問題，把注意力集中在合資上，而忽略了兩邊共同的利益嗎？你的心思是不是只想著如何獲得一半以上的利潤等議題，而不顧合資過程中內含的價值？你有沒有仔細想過對方的決策過程？你有沒有想過湯普森有哪些處方藥的資訊是你沒有的？有沒有更客觀的方法可以檢查你的評估正不正確、談判策略有沒有用？你一定要問這些問題，並**回答**這些問題，才能避免不理性的談判。

處方九：評估對手受到各項偏誤影響的程度，包括：（1）不理性地堅持到底；（2）大餅迷思；（3）定錨與調整；（4）談判的框架；（5）取得資訊的難易度；（6）贏家的詛咒；（7）過度自信。

　　如果對方做出了不理性的決定，雙方就很難達成理性共識。如果你能預先做好面對這些偏誤觀念的準備，就能避免不理性思考毀了這場談判。例如，你可以避免讓湯普森覺得自己退無可退，只好公開立場；你可以協助湯普森看到交換利益，讓兩邊都受惠；你可以小心地拒絕所有無法接受的提案，也不要被對方的提案定錨。對方若有不合理的要求，很多人仍會加以回應，這是常見的錯誤。其實，你可以重新架構這場談判，把焦點集中在湯普森若和北方製藥達成共識能有多少收益上，指出他們可能過分高估的資訊，並協助湯普森從你的觀點來看這場談判。提供湯普森更多精確的資訊，就可以減少他們過度膨脹的信心。最後，在評估你自己的談判策略時，一定要考慮到湯普森的偏誤觀念。

　　在談判過程中，資訊交流非常重要。主事者往往會定錨於他們剛開始談判的認知，而不善加利用談判過程中逐漸浮現的新資訊。如果你太執著於要說服你的對手讓步，很可能會錯過他們言詞或行為回應中所透露的重要資訊。因此，你必須要經常更新你的資訊基礎，靈活制定談判策略。

Chapter 11 | 發展整合型協議的理性策略

　　在上一章，我們提供了理解對方偏好所需要的資訊，以發展互惠的交易方式。切記：這樣的資訊通常要努力挖掘才有可能獲得。本章將提出十二項策略，協助你找出確認與評估這些交易方式所需要的資訊，包括：如何收集資訊、如何處理各方不同的觀點、如何運用這些不同的觀點讓雙方都得利，以及如何跨越單純的利益交換，創造出真正能夠整合資源的共識。

　　沒有一項策略可以完美地解決所有情境，我們希望能夠提供多元的組合，你一定要決定哪些策略最適合你面對的情境。雙方互信的程度會影響策略的效力；此外，你有可能會在談判前期使用某一項策略，到了後期卻因為這個策略不再能幫你獲得需要的所有資訊，而改採其他策略。

找出交換條件的策略

本節著重說明五項可以找出對手偏好的策略,以能發展出有利的交換條件。

策略一:建立信任,分享資訊。

在前一章止痛藥的案例中,要找出最理想的整合型共識,最簡單的方式就是雙方要分享所有的資訊;接下來,只要用簡單的算數就能決定出合資的最大利潤。很可惜,說比做更簡單。人們在談判中經常不信任對方,反而認為資訊共享策略會洩漏重要的訊息(例如保留價格),因而減少自己在分配時的優勢。不過,如果目標是要追求最高的共同利益,分享資訊就是最理想的方法。分享資訊可以確保雙方在決定如何分配資源大餅的時候,沒有「漏掉任何一毛錢」。通常把餅做大,會比其中一方用競爭性的戰術去分配原本的小餅,獲得更多的利益。此外,分享資訊有助於為雙方創造正面的關係,若要繼續合資這是很需要的。在合資或任何跨組織的談判中,分享資訊都應該是中心策略。

有時候,談判各方可能會在分享資訊前先討論分配規則。例如,湯普森可能會擔心,如果北方製藥發現他們靠自己最多只能賺 1,200 萬美元,他們就會處在競爭劣勢。你可以在分享機密資訊前先建立規則,討論要如何分享合資以後多出

來的利潤；例如，湯普森可能同意讓北方製藥獲得新增利潤的 60%。有了這種分配型理解之後，雙方就可以分享資訊以創造出最好的決議。如果雙方互相不信任，他們可能會同意讓獨立第三方來審核所有的財務評估文件。

策略二：踴躍發問，多多益善。

在某一些情況下，充分分享資訊對你來說可能不見得有利。往往有一方會基於自己的考量，不同意完全揭露機密的資訊；有可能如果對方拿到了這些資訊**將會**對他們不利。多問問題可以讓你獲得大量的資訊 —— 就算你的對手沒有全部回答。

大多數的人都認爲談判是個影響對方的機會，因此他們往往說得太多了；他們不認眞傾聽對方說的話，卻只專心想著等對方說完了自己要說什麼。想要有效談判，就必須了解對手的利益爲何；用問題來找出你需要的資訊，才能開創利益交換的空間。「湯普森如果現在就立刻終止行銷活動，會損失多少？」「如果湯普森繼續行銷兩年，可以增加多少利潤？」這些問題可以建立基礎，讓我們理解湯普森的利益結構。就算你的問題沒有全部得到答案，也會比沒問這些問題的時候知道更多。而且，對手說了什麼和對手沒說什麼，都能提供很多情報。

策略三：主動提供部分資訊。

如果雙方的信任程度很低，你的對手又沒有用任何有用的方式來回答問題，你可以主動透露一些資訊，或許就能打破僵局，開啟交流。主事者可能不希望透露自己的最佳替代方案或保留價格，但是他可以提及他認為這些議題的相對重要性為何；例如，北方製藥可以主動提出，若湯普森繼續積極行銷處方藥，每年會損失 200 萬美元的合資利潤。這樣一來，北方製藥沒有洩漏任何可以讓湯普森作為分配思考的資訊，但是他們提供的這項資訊對湯普森卻很有用，還可以讓雙方看到利益交換的空間，並加以運用。

談判中的行為通常要有來有往。當你對別人怒吼，他們通常也會對你咆哮；當你向對手道歉，他們通常也會道歉。同樣地，當你給他們一些資訊，他們也會回饋一些資訊。你只要提供一些內情，就能刺激資訊交流，這樣才能開創出雙方都受惠的共識。

策略四：同時提出多項選擇。

許多人都希望在談判初期就先表明立場，為接下來的討論定錨。但很可惜，他們通常在還不知道對手的相對利益和偏好結構時，就先設定和表明立場了。比較好的做法是，先收集資訊再把提案拿到談判桌上，或者先收集資訊再回應對方的提案。只是許多人都覺得，必須要在還沒獲得所有需

要的資訊之前，就先做出回應。一般來說，他們會先提出單一一項提案。如果北方製藥提議給湯普森 1,400 萬美元，並要求他們立即終止行銷活動，而湯普森拒絕了呢？北方製藥在這一來一往的過程中沒有得到什麼收穫，他們不會知道為什麼湯普森拒絕提案，也完全不清楚這個議題對湯普森的重要性為何。

但假設北方製藥的提案是：

1. 如果湯普森即刻終止處方藥的行銷活動，可從合資利潤中獲得 1,400 萬美元；或

2. 如果湯普森一年後終止處方藥的行銷活動，可從合資利潤中獲得 1,200 萬美元；或

3. 如果湯普森兩年後終止處方藥的行銷活動，可從合資利潤中獲得 1,000 萬美元；或

4. 如果湯普森三年後終止處方藥的行銷活動，可從合資利潤中獲得 800 萬美元；或

5. 如果湯普森這六年都不終止處方藥的行銷活動，可從合資利潤中獲得 200 萬美元。

湯普森可能還是會拒絕，但北方製藥現在可以問哪個提案最有機會被他們接受。湯普森會根據圖表 10-3 來評估北方製藥的提案，並發現這些提案的淨利分別為 1,700 萬美元、

1,900 萬美元、1,950 萬美元、1,850 萬美元與 1400 萬美元，湯普森就能帶著一定的信心，表示在這些難以接受的提案當中，第三個算是最合理的；而北方製藥這時就得到了能夠協助他們建立充分整合型共識的資訊。上列五項提案對北方製藥的價值都一樣，而且他們也沒有透露出備案的範圍，但因為同時提出多項選擇，北方製藥收集到了寶貴的資訊，也展現了自己的彈性。

策略五：尋找「協議後協議」。

我們一定要知道，有很多紛爭都是在硬碰硬對決之後才塵埃落定。沒錯，是有結論了，但有效率嗎？通常沒有。他們爭執著怎麼分這塊餅，卻沒有發現或許他們可以一起把餅做大。或許仔細商議之後，會發現有個能讓雙方都更滿意的和解方式。

哈佛大學經濟學教授霍華‧瑞發（Howard Raiffa）運用「協議後協議」（post-settlement settlement, PSS）概念，發展出能有效限制不理性談判的新方法。他的觀念基礎，就是當達成了雙方都能夠接受的共識之後，可以請第三方幫他們找到更完整的整合型共識。在這個過程中，各方都可以保留權利，否決第三方所提的協議後協議，維持原議。

我們認為，應該要在不需要第三方的協助下就主動尋找協議後協議，作為談判的最後一步，確保雙方達成了整合型共識。在達成初步共識之後，你可以提議雙方一起尋找更好的方案。如果找不到更好的方案，雙方同意維持原案；如果找到更好的方案，那就能獲得更多好處了。

如果北方製藥決定要和湯普森合資，並給他們 1,200 萬美元，要求立刻終止行銷活動，湯普森的利潤會是 1,500 萬美元，北方製藥則可獲得 1,800 萬美元。在協議後協議的過程中，他們或許更願意分享資訊，並藉由同意湯普森再行銷處方藥兩年，讓雙方的利潤各增加 125 萬美元——湯普森的獲利成為 1,625 萬美元，而北方製藥則可得到 1,925 萬美元，這個協議後協議顯然對雙方都有利。協議後協議的過程不僅可以提供雙方找到更完整共識的最後機會，也能夠限制雙方的風險。

你可以從上述五項策略組合出很多想法，建立充分整合型的共識。不過請記得，整合型策略往往不會泯滅談判中分配利益的本質；事實上，任何整合型建議若沒有考慮到談判的分配面，都不夠完整。你必須要建立能夠進行整合型與分配型考量的框架，才能提升所有人的整體表現。

利用差異來建立整合型共識

　　很多談判會失敗是因為雙方無法化解差異，但你必須要學著把差異想成是機會，而非障礙。本節會討論三種差異：雙方如何評估未來事件的可能性（期待）、風險偏好，以及時間偏好。

策略六：利用「期待的差異」來創造互惠的交易。

　　在止痛藥的談判中，北方製藥對合資的獲利能力有各種評估（即圖表 10-2），相信湯普森也有自己的評估。假設湯普森認為，合資後若不積極行銷可賺 8,000 萬美元，行銷一年則有 7,800 萬美元的利潤，依此類推，這會設下達成共識的第一道關卡。雙方評估的餅不一樣大，那麼雙方預期能夠分到的餅也就不一樣大。湯普森可能期望他們能夠分到 4,000 萬美元左右的利潤，但不管採用哪種方案，北方製藥都不可能會出這種天價。在雙方缺乏互信的情況下，北方製藥就很難以他們精準估算出的 3,000 萬美元說服湯普森，這就勢必會導致破局。

　　現在思考一下以下協議：湯普森在兩年後停止積極行銷處方藥，北方製藥先拿 2,000 萬美元的合資利潤；接下來只要是超過 2,000 萬美元的利潤，湯普森都可以拿八成。這樣雙方就可以根據各自的信念來決定未來。只要任何一方的預

測是正確的，這個決議都比合資後各分一半要好。雖然雙方懷有歧見，兩邊的預測也不可能都正確，但是利用期望的差異來達成交易，其實增加了達成共識的機會。這樣的安排通常稱為「應變合約」（contingent contract），就是利用雙方信念的差異來創造交易的機會，讓雙方都根據預測的不確定性而相信自己會有好表現。

馬克・吐溫說：「馬會賽跑就是因為意見不合。」應變合約就是讓各方在面對未來的不同觀感或意見時，還能夠達成共識。這場談判並不只是讓北方製藥和湯普森討論該怎麼分配利潤，而是討論如果賺了 X 要怎麼分配、賺了 Y 要怎麼分配、賺了 Z 要怎麼分配等。雙方對於這些議題會有不同的期待，就像他們在其他議題上有不同的偏好和選擇一樣。這些歧異提升了談判的彈性，增加了交易的機會。

策略七：利用「風險偏好的差異」來創造互惠的交易。

北方製藥和湯普森可能在預測合資後的獲利數字上達成共識，也同意那只不過是估計值。北方製藥或許同意讓湯普森繼續積極行銷處方藥，合資利潤預期能賺得 2,600 萬美元，而實際金額可能落在 1,000 萬至 4,200 萬美元之間。假設湯普森最在乎能否獲得至少 800 萬美元的合資利潤，好讓公司中不贊成涉入高風險成藥市場的批評者都願意接受，而只要報酬合理，北方製藥便會很願意追求風險 —— 換言之，湯普森

比北方製藥更想要迴避風險；湯普森很可能就會拒絕平分合資利潤，因為估計值最低是 1,000 萬美元，平分下來只有 500 萬美元，低於他們願意接受的下限 800 萬美元。

爭議中的不同風險偏好可以增加備案量。可能的交易方式是提高湯普森可以獲得的保障金額，以換取北方製藥更多的潛在投資報酬。例如，湯普森可以繼續積極行銷處方藥兩年，從北方製藥手上獲得 800 萬美元的款項，超過 800 萬美元的利潤還可再抽一成。如此一來，湯普森有了保證收入，北方製藥也因為願意承擔較高的風險，獲得較高的報酬。

與其將對手想要迴避風險的態度當成是談判的障礙，不如視之為交易的機會，例如用保證金額讓對手降低分潤的比例。當雙方願意承擔不同等級的風險，原本可能會破局的交易就有機會談成。

策略八：利用「時間觀的差異」創造互惠的交易。

假設湯普森這一年的營收表現很差，因而他們談判時的優先順序也受到了影響──湯普森需要在合資早期就立刻獲利，北方製藥則比較在乎整體的獲利能力。如果這項藥品在六年的生命週期內，每年的獲利能力都一樣高，那麼均分利潤對湯普森來說就比較沒有吸引力。如果前三年湯普森可以獲得八成的利潤，北方製藥拿兩成；後三年湯普森拿一成，北方製藥拿九成，或許雙方都會比較滿意。如此一來，湯普

森可以感到很安心，因為他們能立刻獲利；而北方製藥雖然延遲幾年才得到投資報酬，但未來的利潤更高。雙方再度透過時間觀的差異，找到了分潤的方式。

當對手堅守某個議題的時候（像是想要早點拿到錢），往往就是有交易機會的重要信號。當雙方有不同的偏好或期待，你可以重新安排未來的報酬方式，讓比較沒耐心的那一方先看到投資回報。不管是因為個人的差異、文化的差異、談判各方處境的差異，這些歧異都應該看成是機會，而不是阻礙共識的關卡。

其他創造整合型共識的策略

前八項用來尋找整合型共識的策略，都要你在議題之間尋找交易的空間，這是創造共同收益最常見的方式。社會心理學家狄恩·普魯特（Dean Pruitt）在交易之外還提出了四項策略。思考一下以下情境：

ABC 公司是個消費者產品製造商，最近要從一家高水準的對手公司挖人，結果行銷部門和業務部門都搶著要。這兩個部門都想倚重這位系統分析師的能力，也很重視她在消費者產品領域的經驗。和很多組織一樣，ABC 公司正在快速進

行內部系統的電子化,可是熟悉這個產業和系統的人並不多。眼前的問題是:自家內部的兩個部門在搶人,他們要如何化解衝突?

解決方案很多。這兩個部門可以採用自由市場的方式,出價聘用這個人才。不過,如果用這個方法,ABC 公司可能會付她太高的薪水;對她來說,同一家公司的兩個部門互相競價也很奇怪。另一個可行的做法是彼此妥協,例如兩個部門分享她的工時,讓她一半的時間待在業務部,另一半的時間待在行銷部。但是這會產生很多的行政問題,而且這兩個部門可能都會覺得只有一半的時間並不足夠。

上述的解決方案,都是**假設**這兩個部門必須搶一份固定的資源——也就是一位員工。但是整合型解決方案可以從系統電子化的議題著手,先研究兩個部門(1)對合格資訊專業人員的長期聘用需求,以及(2)合併業務與行銷資料庫的立即需求。這個新進人員顯然對兩個部門都很有價值,但這兩個部門的基礎利益可能不一樣,行銷部門可能比較在乎第一項議題,而業務部門比較關心第二項議題。因此,或許可以讓行銷部門雇用這個員工,但指派她負責合併資料庫,這樣就一次解決兩項議題了。

主事者應該要找出許多備用的整合型策略,因為原本的策略可能在談判中碰到阻力。普魯特的建議是在交換條件之

外，把更多議題放上談判桌，來達成整合型的結果。他的談判技巧包括用更小的代價就讓對手在主議題上妥協、在談判中放入更多資源，以及尋找一個未必符合雙方立場卻能滿足最根本利益的解決方法。這聽起來和找到交換條件很像，不過這些策略著重在以增加不同的方式來達成互惠的協議。

策略九：在談判中增加議題，增加雙方互惠交易的機會。

在談判中增加議題，一方就可以用其他比較無關輕重的方式來補償對方，以達成自己原本談判的目標。例如，假設業務和行銷部門也在爭執誰要出錢建構新的資料庫。可能就可以讓業務部門聘用該員工，但出錢建立雙方都想要的資料庫。在談判中新增議題之後，你就可以脫離原本分配型的觀點，增加找到交換條件的機會。

策略十：思考是否有方法可以降低對手的成本，讓你能達成目標；或是讓對手達成目標，但是降低你的成本。

降低成本的策略是指一方達成他想要的目標，另一方讓步的成本大幅減少或歸零。這個策略會讓共同利潤更高，但不是因為有一方「贏了」，而是因為另一方的付出變少了。例如，假設這個新進人員能力高強，希望的待遇也很高，行銷部門重視她所擁有的技能，而業務部門只需要她的資訊能力。在整合型談判中，行銷部門就可以雇用她，並且把一個

能力沒有那麼強（待遇也比較低）的員工調去業務部門。

　　降低成本表示大幅讓步的那一方，可以因為他們放棄的目標而得到補償。這和交換條件很類似，可是這項策略特別強調降低或消除對手的成本，讓對手願意達成你的目標。

　　策略十一：思考是否有方法能減少或消弭資源匱乏的處境，畢竟這是雙方衝突的起源。

　　招聘人才的問題和許多衝突一樣，都是因為資源不足。坊間高手很少，無法滿足公司目前的需求。另一個整合型的選項是擴大現有資源。有沒有辦法再徵才？如果可以，每個部門都能達成原訂的目標。

　　如果有大家都需要的資源，那麼獲得更多資源是一項很有用的策略，但這項策略只有在各方利益不相互排斥的時候才有效。行銷部門要雇用一個有消費者產品經驗的系統分析師，這項利益不會和業務部門的利益起衝突。不過在許多衝突中，雙方的利益會互斥，這時獲得更多資源的整合型策略便不見得能奏效。

　　策略十二：尋找創新的解決方案，不一定要符合雙方的立場，而是要滿足根本的利益。

　　這項策略是要針對雙方的根本利益，來開創全新的解決方案。如果雙方都沒有辦法達成初步目標，可以重新定義衝

突來尋找創意的備案。例如，假設業務和行銷部門雇用這名新員工是為了：（1）她的技能，（2）長期運用這些技能的能力，以及（3）合併資料庫之後精簡部門的工作量。你可以建立橋梁，綜合兩個部門的願望——雇用這名員工後將她分配到資訊部門，前期請她先合併業務與行銷部門的資料庫，未來則處理兩個部門的專案。

重組衝突，需要對雙方的根本利益有清楚的了解。要找出有創意的解決方式，可以先為雙方重新定義衝突，找出根本利益，然後針對許多潛在的解決方案來進行腦力激盪。

最後這四項找出整合型協議的策略要奏效，至少有一方要願意放下目前對衝突的定義。在預設的立場之外找出有創意的解決方案，可以有效地增加雙方可分得的共同資源。

結論

藥方都開完了，讀者現在都知道要如何尋找理性談判的解決方案了。這些藥方捻在手上，你必須有所取捨。如果所有建議都能派上用場，就能降低你談判無效的機率。在本書的第三部分，我們會以這些藥方和觀念為基礎，增加談判的複雜性。

第三部

簡化
複雜的談判

Chapter 12

你是談判專家嗎？

　　各位可能有很多談判的經驗。但是有很多談判經驗，你就是專家了嗎？如果不是，那真正的談判專業又需要什麼？我們在本章將會利用檢視談判經驗與專業的區別，來回答這個問題。我們也會思考，要如何將你的經驗與我們的理性思考框架相結合，以提升你談判技巧的整體效果。

　　對很多人來說，「專業」代表的是獲得好結果的能力。這項定義其實並沒有真正解釋清楚專業的本質為何。很多人是專家，可是他們不一定總是能夠獲得好的結果。這該怎麼解釋？

　　如果只專注在結果，就會忽略了影響專家能否獲得好結果的關鍵因素：不確定性。你會希望依賴專家來做出決定，產生好的結果；但是專家也和所有人一樣，經常要在不確定的處境下做出選擇。因此，專家的決策有時候會導致糟糕的結果，新手的決策有時候卻成績斐然。

　　不妨回想一下自己以前買酒的決策過程。當瀏覽不同的酒款時，可能會想要依賴專家的評論。但只要查一查近期關

於波特勒酒莊（Chateau Potelle）1988 年夏多內白酒的評論，就能輕易發現專家的意見有多麼不一致。《葡萄酒鑑賞家》（*The Wine Spectator*）的好評是：「順口、香氣集中、表現合宜……濃郁的果香勁道十足……適合現在品飲，但若能存放到 1992 年更好。」在滿分 100 分中給了這款酒 88 分；但是《葡萄酒倡導家》（*The Wine Advocate*）卻說：「這是一支酸苦、劣澀、淡薄的酒……不好喝，既沒有個性，也缺乏靈魂。」只給了同一款酒 67 分的評價。不可能兩邊都正確。那麼，如果你在找一款好喝的白酒，你會考慮波特勒酒莊 1988 年的夏多內嗎？

這兩本刊物都是要提供消費者專業的意見，兩者之間的差異或許可以說是評論員個人品味不同所致。但有些客觀、公認的事實和資訊，專家的見解也不一致。例如，一個四口家庭要怎麼報稅？每年 3 月，《金錢》雜誌都會發表這項「測試」的結果：

過去四年間，我們每年都要求 50 位專業的稅務員，為虛擬的一個四口家庭填寫所得稅申報表。在 1988 年，每位稅務員用電腦計算出來的金額都不一樣，範圍介於 7,202 到 11,881 美元之間；在 1989 年，稅務員所算出來的稅金介於 12,539 到 35,831 美元之間；在 1990 年的測試中，這個虛擬的家庭年所得是 132,000 美元，而他們該付的稅金則介於

9,806 到 21,216 美元之間；到了 1991 年，只有一位稅務員正確地替這個年所得不到 20 萬美元的家庭算出稅金是 16,786 美元，另外 48 位算出的金額則介於 6,807 到 73,247 美元之間（有一位退出）。在這幾年間，幾乎有多少稅務員就有多少種不同的答案。此外，《金錢》雜誌還發現，稅務員所收的服務費和他們的表現沒有關連。1991 年，表現最好的和最差的兩位稅務員的收費標準相同，都是每小時 86 美元。

　　如果專家沒有共識，那新手呢？你可能會想到自己認識的一個經常能夠把生意談好的人，而這個人不是因為擁有專業，而是剛好在對的時間出現在對的地點。我們來看看下面這個 12 歲的棒球卡收藏家談了什麼生意：

　　12 歲的布萊恩‧威爾澤辛斯基（Brian Wrzensinski）在伊利諾州愛狄森市的棒球卡專賣店，用 12 美元買到了大聯盟強投諾蘭‧萊恩（Nolan Ryan）的新人卡，而這張卡竟然價值 800 至 1,200 美元。布萊恩是在這家店剛開幕的前幾天買了這張棒球卡，當時店內門庭若市，店主請附近珠寶店的店員過來幫忙。這個代理店員完全不懂棒球，也不懂棒球卡。布萊恩問他那張卡片是不是 12 美元，他看到 1,200 的標價，卻以為是 12 美元，於是就以 12 美元賣出。布萊恩不確定那張卡片實際的價值，但他說他看到其他類似的卡片至少都要

150美元。「我知道這張卡片的價值超過12美元。」他說,「我只付了12美元,那位小姐就賣給我了。大概是因為大家到棒球卡專賣店經常都會殺價的關係吧。」

好結果確實會發生,有時候瞎貓就是會碰上死耗子,年僅12歲的收藏家也能用12美元買到稀有的棒球卡——這都不是因為真正的專業。沒有人能夠預測或依賴這種運氣。

因此,有的時候,專家難免跌跤,新手也能成功。在談判中,徹底的成功不是個合理的目標。你的目標應該是鍛鍊自己的能力,讓自己在多數時間裡都能做出更好的決定。對專家真正的試煉是:經歷過許多談判,他們是不是比較能獲得好的結果。

經驗 vs. 專業

撇除運氣不談,一般能夠以兩種方式獲得高品質的談判結果:(1)他可能習得了在特定情境下有效的行為模式,但未必能把這種經驗轉化為心法,應用在其他的情境中;或(2)理性談判,針對目標、對手和其他的特定因素,慎選策略。儘管我們很難在特定的談判中區別這兩種方式的不同,但隨著局勢變化,差異會愈來愈明顯。要在任何時間、任何情境

下都能有高品質的談判結果，因而更接近專業，就一定要將經驗與我們所建議的理性談判相結合。

經驗很有用。經驗可以幫助你理解哪些因素在談判中比較重要。但是很可惜，光靠經驗不能保證會有好的結果，因為經驗往往受限於當時發展的情境。你或許擁有高超的談判技巧，在自己的公司是頂尖的銷售員，但這不代表你能成功地和配偶談判。你在職場所用的策略不見得能成功地應用在其他場域，或是其他不同形式的談判上。

心理學家羅賓・道斯（Robyn Dawes）特別提醒我們只從經驗中學習的缺陷。他發現班傑明・富蘭克林的名言「經驗是珍貴的老師」，經常被曲解成「經驗是最好的老師」。道斯認為，富蘭克林真正的意思是「經驗是昂貴的老師」，因為他的下一句話是「但笨蛋沒有辦法在其他（學校）學習」。道斯說道：

> 從失敗的經驗中學習……確實很「珍貴」，甚至會很致命。……此外，如果埋著頭從成功的經驗中學習，除了正面的結果外，也可能會有負面的結果……特別成功或是特別幸運的人，往往會從他們的「經驗」中歸納出他們是所向無敵的結論，因此導致更多災難，因為他們沒有注意到自己的行為，與這些行為所透露出的意涵。

以美國近代的勞資關係史為例。1960 年代，勞方與資方都有經驗豐富的談判人員。當美國的經濟競爭力下滑時，勞方與資方卻在更競爭的新環境裡沿用過去的談判策略，這導致了資遣的災難，參與工會組織的勞工都失去了工作，美國製造業的生產力也大幅衰退。這些談判人員有長足的經驗，但缺乏必要的專業，他們的策略無法適應這個嶄新的全球談判環境。當然，美國衰退的原因不只這一項，但僵化的勞資關係絕對是一大主因。

經驗本身不能讓你做好適應新局勢的準備。就拿叫計程車這個簡單的任務來說吧！你到市區出差，住在大飯店裡。請問你要怎麼叫計程車？或許，你只要站到門口，跟門房說你要去哪裡，他就會幫你叫車。不難嘛。

現在，假設你出差的地方不是紐約或任何一個美國的大城市，而是在泰國曼谷，住在頂級的曼谷文華東方酒店。如果你需要叫計程車，東方酒店的門房會替你叫車，並告訴司機你要去的地方。車資很合理。但是，如果往外走個 20 公尺再自己叫車，那同樣路程的車資大概會便宜四分之三。如果你只是根據經驗來叫計程車，那你永遠都不會曉得有價差，因為在美國多走這 20 公尺路沒辦法幫你省錢。

從經驗中學會的道理，就受限於經驗。因此，在談判中，你的適應力也會受到限制，讓你無法把經驗應用到其他的情勢中。

從經驗中學習為什麼這麼難？

　　每個人都會從經驗中學習。你常常經歷新的情勢，然後要透過嘗試和失敗的過程來學習怎麼應對。你會先用某種方式行動，觀察結果，再想想接下來要做什麼或不做什麼。經濟學家主張，這種累積經驗和回饋的過程可以保護專家，避免他們落入第七章所說的「贏家的詛咒」。

　　當對決定的結果有了足夠的經驗和回饋……多數在「真實世界」的設定情境裡競標的人，終究能學會如何在各種狀況下避免贏家的詛咒。其實，贏家的詛咒是一種不均衡的現象，只要有足夠的時間和正確的資訊回饋，就能自行修正。

　　不過，想要從經驗中學習，就必須獲得正確且即時的回饋，只是我們通常得不到。特沃斯基和康納曼曾建議：

　　……（1）決策的結果通常會很晚才出現，而且不容易歸因於特定的行動；（2）環境變因也會降低回饋可靠的程度……；（3）通常我們無法得知，若當時採取不同的決策，會有什麼結果；（4）最重要的決策很獨特，因此從中學習的機會很有限……經驗可以消除特定錯誤的這個主張要能夠成立，就必須要滿足有效學習的條件。

主事者很難判斷他們需要哪一類的回饋才能評估決策的正確性。選擇了其中一個方案之後，就不會知道其他方案會有什麼結果——除非是像賽馬這種情況，在賽局結束之後，不僅會知道自己押注的馬有沒有贏，也會知道其他馬的表現如何。如果不能夠比較獲選和未選的方案會導致什麼不同的結果，那從這個過程中能學到的也不會太多。

　　就算能夠得到回饋，自己表現得好不好，還是很難從經驗中學習得到。在第七章中曾提及，我們以「併購案」為例來進行的研究中，還請 MBA 的學生反覆對同一個問題做出回應。我們想測試他們有沒有能力在自己的決策過程中，納入「對方」（用電腦來扮演要併購的對象）的決定。我們在研究中使用真鈔，讓參與者玩了 20 遍。每個決定的結果都會立刻回饋給這些學生，他們可以看到自己的資產總額如何變化（幾乎都是愈來愈少）。

　　請讀者記得：出價 0 元才是正確答案。多數人都會認為要出 50 至 75 美元。下頁圖表 12-1 畫出了出價金額的中數，圖中可以看到受試者並沒有顯著的進步，大家的回應都還是在 50 至 60 美元之間徘徊。事實上，在 69 位學生裡，僅僅只有 5 位可以從 20 次的嘗試過程中，找到正確答案（出價 0元）。因此，就算是經驗加上回饋，還是沒有辦法幫助學生提升表現。

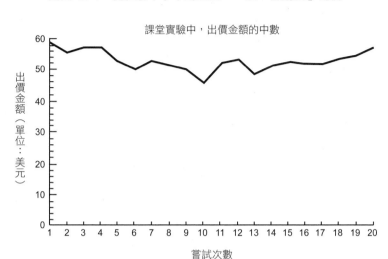

圖表 12-1　從經驗中學不到東西——以「併購案」為例

課堂實驗中，出價金額的中數

出價金額（單位：美元）

嘗試次數

克服障礙以能從經驗中學習

　　如前文所述，要從經驗中有效學習，最主要的障礙是我
們往往無法即時得到清楚、有意義的回饋，並從而導出成功
的策略。此外，主事者通常對自己所做的決策情有獨鍾，所
以就不會放開心胸接受批評與指教。如果主事者的自尊奠基
於決策的結果，那麼隱晦的回饋在他聽起來可能就都是很正
面的。

　　你可以想一下，要你的員工聽到並接納負面的評價有多

難。教職人員在續約或評鑑的過程中，經常都無法聽到（或讓自己認同）負面的意見。有些教職人員儘管得到了很多負面回饋，甚至自己還白紙黑字寫了下來，但當得悉自己無法得到終身職的時候，又往往顯得很驚訝。

就算能夠正確地理解相關且有意義的回饋，這份資訊也必須要存放在記憶裡，並且在之後要做決定時拿出來參考。我們之前討論過，記憶的取用會受到很多無關因素影響。我們知道大家確實會從經驗中學習，但是我們也相信從經驗中學習通常不會產生打造真正專業時所需要的認知。要成為任何專家，必須要能將經驗與理性思考相結合。

要理性地思考談判，就必須要有能力辨別談判中最重要的面向，知道它們為什麼重要，什麼策略才能最有效地化解爭議，達成最佳的結果。這讓你能夠評估特定策略在何時、又是為什麼會奏效。與其依賴不確定也不可控制的回饋，你只要知道必須監控以及忽略哪些資訊，就能發展出專業。

這個成就可不小。因為不管你面對什麼任務，可用的策略和選項很多，還有大量的資訊都需要你的注意力。如果你能專注在相關的資訊上，就有更多機會獲得有意義的回饋，可以導出最好的決定。

利用有效的思考框架來決定你的選擇，所收到的回饋彼此之間就更有關聯。錯誤的框架只會扭曲你的觀點和判斷。我們曾經進行過一項研究，以檢視談判人員是否有能力把過

去的經驗應用在類似的場景中。談判人員參與了分配型或整合型談判，結果都很一致：不管先經歷哪一種談判，當他們碰到**新的**談判任務，必須結合分配型**和**整合型協議時，都表現得不是很好。我們再讓一半的談判人員接受符合他們經驗的訓練，有分配型談判經驗的人接受分配型訓練，有整合型談判經驗的人接受整合型訓練，結果非常值得探究。

有經驗且受過訓練的談判人員，比單純只有經驗的人，更能談到明顯更好的結果。這些人接受了訓練，更了解談判背後的概念，就更能在自己談判時理性思考。不僅如此，受過整合型訓練的談判人員表現優於接受分配型訓練的談判人員，也勝過有整合型談判經驗但沒有受過訓練的人。所以我們的結論是：整合型訓練能提供最強大的優勢。

這表示，光靠經驗不能提升談判結果，但是具備談判的概念框架卻可以。而且，我們還發現整合型訓練明顯擁有分配型訓練所沒有的競爭優勢。

化經驗為專業

經驗和專業的差異在於兩大主要因素：（1）應變力：專家就算是面臨新的需求也有能力調整自己的技能，以獲得滿意的結果；（2）傳承：專家有能力在新的局勢或面對不同對象時轉移這些技能。

經驗本身沒有辦法讓你具備批判性地分析情勢的技能。要把經驗轉化為專業，你一定要理解自己經歷過什麼事，為什麼某些經驗成功、某些經驗失敗，並理解成功的過程。因此，如果知道哪些因素能導向成功，就能在面對新局勢的時候調整經驗，知道有所為、有所不為，再把知識套用在類似的情境和對象上。

　　應變力。專業就是懂得應變。多數經驗豐富的人可能可以在特定的情境下有效談判，可是當脈絡改變了，他們的經驗就變成了阻礙。如果談判專業指的是將知識應用在多元談判情境的能力，那麼專業就不只依靠累積經驗而已。真正的專家應該可以表現得更好，更能在不同的局勢下調整策略，因為他們知道為什麼需要不同的策略才能有效談判。「專業」就表示腦中有很多可以廣泛應用的大策略，因勢而動。

　　我們在研究中訓練談判人員，想要讓他們更充分地理解談判的概念。我們發現這套訓練可以讓談判人員從一場談判中提煉出心法，再應用在下一場無關的局面裡。

　　傳承。發展出專業而不完全依賴經驗的第二個好處是傳承。你或許曾經發現朋友或同事很擅長某件事，就問他們是怎麼做到的，但得到的回應往往是他們花了很多年的耐心與練習，才發展出該技巧。這其實代表他們也無法解釋自己是怎麼辦到的。

　　很多人認為自己的技能是一門藝術，不是科學。但是如

果經驗豐富的人沒有辦法說清楚成功的道理，就無法將知識傳授給其他人，但這卻是成為優秀管理者的重要條件之一。因此，我們要點出的最後一項劣勢就是：單靠經驗學習，無法有效地將知識傳遞給未來的世代。

結論

我們在本章強調提升談判表現最主要的方法，就是：結合經驗與理性思考的能力，發展出專業。當你能夠理解當前處境的需求並理性思考，就能提升自己的能力，妥善地分析並提出新的談判架構。

不過，問題仍在於談判的專業能不能減少或消弭各種偏誤觀念的影響。證據顯示，專業可以明顯地提升談判協議的品質，減少部分偏誤觀念的影響。

我們在研究專業談判人員如何面對新情勢時，發現他們對框架的偏誤很敏感，不容易掉入大餅迷思中。第四章我們曾以房地產的研究為例，發現專家會擬定鑑價策略，照理說應該可以消除定錨的偏誤，然而實際上卻並非如此。房仲沒有理性思考，或許是因為他們沒辦法拿到客觀的市價行情來對照他們的評估值。儘管仲介可能知道該怎麼做，他們卻不知道自己有沒有做對。還有其他因素，例如重新建構在決策

中運用資訊的方式，或許能更有效地在談判中理性思考，減少偏誤。我們發現，光是改變呈現資訊的方式，就能減少定錨與調整的影響。

在另一項研究中，我們比較了兩種徵才的方式：一種是讓主管同時看到所有應徵者的資訊，另一種是讓主管依序看到應徵者的資訊。我們發現，當同時看到 20 份履歷的時候，主管會以職缺的數量（一個或三個）作為錨點；但如果一次只看一份履歷的話，他們就不會設定錨點。當應徵者的資訊同時呈現給主管的時候，如果有三個職缺，他們會選比較多人來面試；如果只有一個職缺，就不會面試那麼多人。如果主管一次只看到一份履歷，那麼職缺數量就不會影響他們選多少人來面試。但這些主管都沒有注意到定錨效應。當被問到職缺數量是否對他們找多少人前來面試產生影響時，他們都說這個數字不重要，他們考慮的是應徵者的技術能力。

本書最主要的目標是要協助你發展出談判的專業，你必須廣泛理解談判中的所有重要因素。在本書的前兩個部分，我們建立了理性思考的基礎，下一章開始，我們將會強調更進階的談判觀念。到目前為止，我們介紹的案例都很單純，僅限於兩方；接下來，我們將開始探討社會脈絡如何影響談判人員的思維、期待，以及（最終）談判中的行為。

Chapter 13 談判中的 公平、情緒與理性

我們強調理性思考，可能會讓你覺得談判中就不必管情緒或者公不公平了，但其實不然。想要成功地談判，你應該要知道並預期對方會有情緒反應，也會感受到談判過程是否公平。本章最重要的任務，就是在我們的理性談判架構中整合這些考量。先來檢視以下這個機會：

你走在街上，忽然有個看起來很不一樣的人攔下你和另一名你不認識的行人（小明）。他拿著 1,000 美元鈔票自我介紹說：「只要你們能同意要怎麼分配，這 1,000 美元就是你們的。不過，有兩個規則。第一，由小明來決定你們怎麼分配這筆錢；第二，由你來決定你接不接受小明的分配方式。如果你同意，你們就可以按照小明的方式拿走這筆錢；如果你不同意，你們兩個一毛錢都拿不到。」

你和小明決定要玩這個遊戲。小明想了一下說：「我決定這樣分：我拿 950 美元，你拿 50 美元。」

現在決定權在你手上了，你要不要接受呢？

如果你和多數人一樣，你將會拒絕這種分配方式。為什麼？拒絕這樁交易根本不理性，因為如果你接受的話，其實你們兩個在這個遊戲中都會有收穫（小明獲得 950 美元，你獲得 50 美元）。你或許有很多拒絕的理由，但是這些理由都不在我們描述的理性談判架構內。其中一個理由可能是：你對小明讓你陷入這個局面感到很生氣。但如果不考慮公平或情緒，你或許會接受收下這 50 美元。畢竟，50 美元勝過什麼都沒有。

　　現在角色對調，由你來分配金額，由小明決定要不要接受。你會怎麼分配這筆錢？如果不考慮公平或情緒，你就能輕鬆地判斷出小明會拿這 50 美元（或更少）；但是這個提案可能會讓你一毛錢都拿不到，因為小明可能會拒絕。如果考慮了公平和情緒，你可能會預期小明的反應，開一個比 50 美元更高的價碼，提升自己拿到錢的機會。我們在這一章，會著重於教你如何更清楚自己有多在乎公平與否，以及理解自己的情緒反應，預測對手的感受。

公平、理性與談判

　　公平（或不公平）不是一個客觀的狀態。要預測別人覺得這個結果公不公平很難。公平的結果可能是平分談判中的

資源，讓各方都拿到一樣多的利益。另一個公平的分配方式是看大家貢獻多少，依比例得到報酬，這就是獎勵或績效獎金制度的基本觀念。另一個很不一樣的方式是根據各方的相對需求來分配資源。這些方式可能都會讓大家覺得很公平，因為每個人對於什麼才公平有不同的理解，會運用不同的觀念來做決定。

康納曼、柯內許和塞勒的研究，讓大家知道對公平的考量經常主導純經濟的盤算。假設有間五金行，原先一把雪鏟售價 15 美元，但在一場暴風雪之後，老闆決定調漲為 20 美元。你對此有什麼看法？這算公平還是不公平？

從經濟上的觀點來看，價錢應該調漲。當供不應求時，價格自然會上漲。儘管經濟上的論述這麼清楚，研究中仍有82% 的受試者認為雪鏟漲價不公平。另一方面，在認為雪鏟漲價是公平的受試者中，卻有很多人認為颶風過後發電機漲價是不公平的——但這兩件事的邏輯根本就完全一樣。

現在把角色對調一下，讓你來當五金行老闆。目前還有 25 把雪鏟，你會每把調漲 5 美元嗎？儘管你相信市場是個公平調節雪鏟價值的機制，但你可能會說「不應該」；但如果不管公平與否，你就能調漲價格，並且多賺 125 美元。只是這波多賺了 125 美元，日後生意可能會變差。你或許覺得消費者應該會明白供需的道理，如果他們覺得漲價不公平，以後就不會上門光顧了。因此，如果你從經濟上來理性考量自

己的行為（調漲雪鏟的價格），你就會輸給考量到公平的競爭對手，把顧客都送給他們了。

會影響談判的偏誤觀念，也會影響對公平的感受。在康納曼、柯內許和塞勒的研究中，就發現公平與否的感受會受到框架的效果影響。研究中的受試者要面對以下兩個問題：

第一：這家公司略有小賺，當地社區有點蕭條，失業率頗高，但沒有通貨膨脹的現象。有很多勞工急著想來這家公司上班。該公司決定今年減薪7%。

有62%的受試者認為這家公司的做法不公平。

第二：這家公司略有小賺，當地社區有點蕭條，失業率頗高，通貨膨脹的現象導致物價上漲了12%。有很多勞工急著想來這家公司上班。該公司決定今年加薪5%。

這次只有22%的受試者覺得不公平。但是其實兩個場景中的實質收入是一樣的，只是架構問題的方式不一樣，所以對公平的感受就不一樣。減薪讓大家覺得不公平，但是名目上調薪，儘管追不上通膨的速度，大家卻比較能接受。

什麼是公平的行為？每個人似乎都有自己的「規則」。例如，薪水應該要增加，不應該減少。因此，要員工把減薪

看成是公平的就很不容易，就算是因為經濟情況變差導致企業營運遭受到困難時也是一樣。大家把錢看成是任意單位（元）而不是衡量購買力的單位（幣值），而購買力才會隨著通膨而變化。在這個領域裡，要衡量公平與否，很大程度取決於薪資是否遵循這些社會規範。

本章一開始，我們提出了一個「最後通牒議價法」的範例。在這種賽局裡，雙方（通常互不認識）被隨機指派為一號玩家和二號玩家。一號玩家可以拿到一筆錢，比方說 10 塊錢，而這筆錢一定要和另外一位玩家分攤。一號玩家要負責提出分配方式，但決定權在二號玩家手上。如果二號玩家接受，那這筆錢就可以按照一號玩家的提案來分配；如果二號玩家拒絕了，兩邊都拿不到錢。

如果這場賽局裡面只看錢，那麼一號玩家應該給二號玩家最小的金額，例如一毛錢；二號玩家應該接受，因為不管怎麼樣，和拒絕提案相比，起碼多拿了一點錢。我們看過很多團隊玩這個遊戲，結果很精采。擔任一號玩家的人幾乎從來沒有提議過 9.99 美元和 0.01 美元這樣的分配方式，甚至連 9 美元和 1 美元這樣的分配都很少見。事實上，最常見的分配方式是平分。如果一號玩家想要多拿一點，二號玩家通常都會拒絕，結果兩邊什麼都沒有。從經濟上的觀點來看，二號玩家如果拒絕交易就是不理性的，然而就如同我們曾經說過的，這種不理性是可以預期的。從理性的觀點來看，一號

玩家應該明白二號玩家會受到對公平的感受所影響，出價自然會比 0.01 美元高出許多。

這個賽局的另一個變化版稱爲「獨裁者賽局」，一號玩家可以單方面決定如何分配這 10 美元，二號玩家只能接受；在這種情況下，只有 36% 的一號玩家會拿走所有的錢。儘管在獨裁者賽局中，二號玩家必須無條件接受提案，但是一號玩家卻會比較平等，有 64% 的一號玩家在這個賽局中還是多少會給對方一點錢。因此，當考量到公平以及不公平的潛在代價時，就不見得會完全參照理性的經濟模式。

有很多證據都顯示，無論是在什麼樣的情境下，以及根據什麼樣的理由，人們都比較喜歡公平的結果。另一個影響我們對公平感受的因素，就是互相比較——拿自己的收穫去和別人比較。《紐約時報雜誌》前莫斯科分部主編海瑞克・史密斯（Hedrick Smith），便清楚描繪了社會比較所造成的影響：

俄國人很能吃苦，也能忍受悲慘的生活——只要別人也一樣慘就行了。但如果有個人日子好過了一點，即便他是透過自己認眞打拚所得，群體對他的嫉妒就會很猛烈。

俄國有廣大的群眾都是這種嫉妒文化的擁護者。這種腐蝕人心的敵意在沙皇統治下扎根，深存於俄國人生活的集體主義中，並且被列寧的意識形態所激發。

戈巴契夫無法順利改革，就是因為這股對階級和社群的憤怒在自由流動，降災於任何一個出類拔萃的人身上。這股敵意對戈巴契夫想栽培的創業家產生了嚴重的危害。

我聽說莫斯科城外有個農夫，他的馬和牛都被放走，農舍也被縱火，就是因為他略有小成，讓附近的農夫眼紅。

在判斷公平與否時，平等的重要性不容小覷，甚至有的時候某些人想維持平等，不過只是希望大家一起爛而已。在另一套分配規則下所得資源較少的人，往往也就是那些想要利用平等來分攤所有好壞的人。

很多人想要以平等作為分攤好壞的基礎，這通常就是大家談判到最後都會妥協的原因。你和我剛開始談判的時候有些可以交換的條件，但最後的結論是我們拿最初的立場或最後的提案來均分。我們以買新車為例：你要買新車的時候，最後會付多少錢？

你去找經銷商，選了一款車型試駕。結束之後，你回到展示間去找業務代表。這輛車的牌價是 16,000 美元，經過一番討論，你開價 13,500，他讓步到 15,600。你再砍到 14,000，他回 15,200；你殺到 14,400，最後他降到 14,800。你表現得一副價格再高就不買了的態度，還威脅說要去找其他的經銷商買。這名看起來很認真的業務代表說：「你看起來是個好人，我也看得出你真的很喜歡這輛車。我其實最希

望你能買到自己喜歡的車。我覺得你講話很實在，我也想要很實在。那要不然我們各退一步好了，取平均值——就14,600吧？」

聽起來很公平哪！為什麼？因為大多數的人聽到五五均分都覺得很公平。你可能會覺得連這個提案都拒絕，自己也太惡霸了。不過，就邏輯來看，你應該知道這就和多數妥協一樣，是沒有根據的。先前的買車談判最後如果喊出的價格是 14,000 和 14,400，用這兩個數字平均聽起來也是很公平，但算下來的金額 14,200，比先前還少了 400。五五均分的公平性，取決於用哪兩個數字當作錨點。若要理性談判，一定要很清楚「五五均分」的吸引力為何，並且知道你也能夠輕易提出另一個五五均分的備案。

情緒、理性與談判

喬·吉拉德（Joe Girard）是世界上最偉大的銷售員，連續 12 年榮登金氏世界紀錄銷售第一的寶座。根據報導，他每個月要寄出 13,000 封感謝函給客戶和潛在客戶。卡片正面的圖樣可能會隨著時節而有不同的變化，但是內文都一樣，就是很簡單的一句「我喜歡你」。吉拉德銷售員能當得這麼成功，背後可能有很多原因，但他在他和收到卡片的人之間創

造了一種正面、良好的關係，這絕對會加分。他說他喜歡他們，或許他們因此也喜歡他。

不論是正面或反面的情緒或感受，在談判學中都是最欠缺深入研究的領域。要理解情緒對談判的影響，可以先思考正面情緒或幽默感的好處。心理學家愛麗絲‧艾森（Alice Isen）和她的同事發現，正面情緒會讓人更慷慨大方、更樂於助人，也會提升你喜歡其他人的程度，改善你對人性的觀點還有用創造力解決問題的能力，並降低侵略性和敵意。

一項研究發現，服務生微笑的頻率會影響小費的收入。當服務生笑得很開朗，就會收到比較多的小費；如果只是淺淺的微笑就拿不到那麼多（研究中分別是 23.2 美元對 9.4 美元）。不過正面情緒未必和正面事件有關。正面情緒可以強化偏誤觀念，影響你的判斷。例如，開心或快樂的人對議題架構、加碼的行為和資料取得容易度的影響都會比較敏感。

不少研究都明確檢視了正面情緒是如何影響談判人員的表現。談判人員先得到一份小禮物，創造出「好心情」。接下來在談判的時候，心情好的談判人員比較能夠達成更有創意、更具整合型的共識；不僅如此，他們也比較不會用競爭型或爭論型的戰術。在另一項研究中，心情很正面的談判人員，認為自己的表現比心情中立的時候要好——儘管他們的表現毫無差別；他們也認為自己做得比對手好。看起來，正面的心情會增長第八章所說的優越感的假象。

公平與情緒的聯合影響

談判之所以破局，有時候是因為一方很氣對方，想要讓對方愈不爽愈好，而不再在乎談判的結果是否滿足自己。情緒如何影響你認為談判公不公平，又是如何影響你的決策和其他行為？

我們之前說過，人們在很多社交或談判的場合，會期待資源公平分配。不過，你分配資源的方式也會受到談判各方的關係所影響。如果談判的對方與自己有長期的合作關係，那麼就會比較在乎對方的福利；如果對方是陌生人，通常就會比較關心自己能拿到多少。

有些人很在乎關係的本質還有和對手的比較，更甚於自己能從談判中拿到多少。如果要和別人分錢，那麼你與對方的關係很好、很差或根本不認識，是否會影響你對分配結果的滿意度？儘管大家都希望公平，但人們也想要追求有優勢的不公平（就是他們拿的比較多），而不是居於劣勢的不公平（別人拿的比較多）。當雙方關係愈差，就會變得比較自私，比較在乎自己的報酬，比較可能追求有優勢的不公平。

人和人之間的比較也會導致不理性的結果。我們請受試者在以下三種可能的情境裡做選擇：（1）單獨面對贏或輸的風險；（2）輸贏的風險和第一個情境裡一樣高，不過這個風險可以和別人一起分攤，而且兩人關係很好；（3）輸贏的風

險和第一個情境裡一樣高，不過這個風險可以和別人一起分攤，但是兩人關係很差。

在第一個情境裡，有兩個選項：保證贏 5,000 美元，或有 70% 的機率可以贏得 6,000 美元、30% 的機率可以贏得 4,000 美元。在這個情況下，有 19% 的人選擇穩穩拿走 5,000 美元，另外 81% 的人願意冒點風險。

在第二個情境裡，參加的人可以分配 10,000 美元。第一種分法是兩人均分，或者有 70% 的機率能自己拿到 6,000 美元（另一位拿 4,000 美元）、30% 的機率自己拿到 4,000 美元（另一位拿 6,000 美元）。可以發現，受試者面對的結果和前一個情境一模一樣，不過有 85% 的人都選擇穩穩拿走 5,000 美元。而當兩人關係惡劣的時候，只有 27% 的人會選擇保證得到的 5,000 美元。

如果這個決定只攸關自己，那麼受試者都願意承擔風險以追求最高的報酬。如果這個決定還包括了別人，若受試者喜歡對方，就比較捨不得一起承擔損失的風險；但如果兩人關係並不好，受試者就會偏好高風險、高價值的選項，他們希望自己的報酬比對方多。

還有另一個難題，檢視了人和人之間的比較將如何影響會造成損失的選擇。我們同樣比較了三個情境：個人、關係很好、關係很差。如果這個決定只會影響自己，有 75% 的受試者會選擇在 50% 的機率下輸掉 10,000 美元，而不是保證

輸掉 5,000 美元（如我們在第五章討論框架時所說的）。但如果這個選擇會牽涉到其他人，有 15% 的受試者（不管關係好不好）選擇以 50% 的機率自己輸掉 10,000 美元或對手輸掉 10,000 美元，85% 的人選擇雙方都肯定輸掉 5,000 美元，而不願意讓雙方冒著輸掉更多錢的風險。受試者在他們喜歡對方的時候採取這個選項，是因為保持公平很重要；而他們在不喜歡對方的時候還採取這個選項，則是因為他們想要避免居於劣勢的不公平。雖然看起來態度好像不一致，但其實很容易用對公平的渴望來解釋；一個人在談判中覺得公不公平，是以對手得到的結果作為主要的參考點。

我們的另一項研究還發現，在評估單一狀況的時候，關係比較好的人會更在乎他們得到的結果有沒有比對手好，而不是自己到底獲得多少；而在有其他選項的情況下，就會比較在乎自己所得的價值。例如，雖然有 70% 的人認為第一種結果（自己拿 400 美元，對方拿 400 美元）優於第二種（自己拿 500 美元，對方拿 700 美元），但當分別評估這兩種結果時，只有 22% 真的選了第一種。在評估不同的結果時，對手的收益可能會被用來當作參考點；但是如果有所選擇，大多數人還是可以輕易做出比較，改以自己的利益作為最主要的考量。因此，擁有眾多選項的社會脈絡在架構談判的框架時，就扮演了關鍵的角色。

結論

　　對公平和情緒的考量，會對談判造成深遠的影響。談判人員的情緒狀態，會牽涉到他們採用什麼標準來衡量公平與否。想要理性談判，就必須理解這些因素如何影響你的判斷和決定，這樣就可以預期對手的行為也會受到同樣的因素所影響。忽略這些，就和假設每個人都是理性的一樣不合理。一定要根據人們的真實情緒以及對公平性的在意程度，來選擇你的理性談判策略。

Chapter

14 | 在團體和組織中談判

　　到目前為止，我們的討論都僅限於雙邊談判；但是很多談判其實發生在大團體內，這便是多邊談判。多邊談判意指有三方以上，各有自己利益的談判者，一起在各方對不同議題重視程度不一的情況下，找出化解之道。很可惜，你所學到的雙邊談判方式不能馬上應用到多邊談判。但是不管是哪一種談判，你的目標都是要獲得最好的結果——整合所有的利益，同時還能完成你的目標。參與對象增加了以後，隨之增加的不會只有協調問題而已。讓我們以雷曼兄弟內部的權力鬥爭為例。

　　雷曼兄弟從 1850 年來就一直是華爾街的主力，但是他們發現 134 年來的霸權即將終結，這家公司必須出售才不會破產。交易部主管路易士・葛路克斯曼（Lewis Glucksman）和金融部主席彼得・彼得森（Peter Peterson）兩人間的關係是這家公司衰敗

的主因。就和許多華爾街的企業一樣,雷曼兄弟金融部門和交易部門間的敵意也是根深蒂固。在華爾街,金融部門的人常說操盤的交易員是「教育程度低落的寄生蟲……只看眼前,不看大局」;而交易員總是說金融部門的人是「常春藤盟校出來的菁英,很晚才起床,又喜歡悠閒地吃午餐」。

這種壁壘分明的現象,在雷曼兄弟尤其激烈,金融部和交易部的人甚至無法在同一棟大樓裡共處。因為金融部是雷曼兄弟的主要營收來源,所以交易部向來地位都比較低;然而當時交易部的利潤豐厚,卻反而更加分化了這兩個部門。等到葛路克斯曼挑戰彼得森的控制權時,這家公司的獲利能力來到了歷史顛峰,而這主要就是因為交易員帶來的營收所致。

在權力鬥爭的過程中,葛路克斯曼和彼得森都建立了同盟,兩人以自己為核心開始往外結盟,最終葛路克斯曼和他的盟友取得了足夠的權力,可以為所欲為。他們不再把重要的決定拿到董事會討論了,這些決定都採多數決,根本不須經過談判。但葛路克斯曼與其他交易員的權力很短命。缺乏正常的談判與決策機制,雷曼兄弟很快就沒有辦法順應市場變化,因而無法存活下來。

雷曼兄弟承受了長期的傷害，因為員工在權力鬥爭的過程中表現失序。葛路克斯曼的團隊擁有足夠的權力，可以強行推動最符合他們利益的決定，只是這卻不見得符合整個組織的最佳利益。因此，當葛路克斯曼的同盟以為自己採取了理性的策略時，其實他們是毀了這家公司。

雷曼兄弟的例子告訴我們，對一人或一方有利的方案，可能會對整個團體不利。從僅有雙邊的談判進階到多邊談判時，要達成理性協議就更困難了。這需要考慮到更多利益不同的人，表示必須要建立協調與決策的規範，而且一定要面對其他人可能會結盟的局面。我們在本章會提出解方，幫助你在各種不同規模的團體內理性談判。

團體愈多，利益就愈複雜

多邊談判的互動關係遠比雙邊談判複雜。只有雙方的時候，只有兩組利益和一種互動方式；但是有三方的時候，網絡就大上許多了，會有三組各自的利益，三種可能的互動方式（任意雙方各一種），以及三方之間的一種互動方式。到了五方談判，就會有五組各自的利益，十種可能的互動方式（任意雙方各一種），多種在三方與四方小團體間的互動方式，以及五方之間的一種互動方式。數字愈大，關係和利益

就愈複雜。光是要協調各方的偏好和利益就是一件難事。

不妨想像一下，現在有六個人要協調明年的預算，每個人都有自己的利益、保留價格和目標，就連確定議價區間這麼基本的工作，也得一次考量六個保留價格。要達成整合型共識，就必須同時考量六組的利益，並尋找各方都能接受又對整體有利的解決之道。

要降低大量資訊的複雜度，通常會簡化假設或是制定規則以便依循。很可惜，這些減少資訊量的假設或規則有個前提，那就是各方都要清楚別人真正的偏好。例如，團體很快就會建立**規範**——哪些行為在這個團體內會被接受，哪些不行。在雙邊談判裡，如果對手覺得你的要求很不合理，他可能覺得直接提出來沒有什麼不對；但是在團隊中，強硬的行為規範會讓主事者有遵從的壓力。不管談判協議的品質是好是壞，團體的規模愈大，就愈不可能去質疑團體規範。

處方一：仔細評估各方在分配資源時所採用的分配規則。

我們在前一章討論過，每個人對公平都有不同的感受。面對群體，你要考量到大家不同的感受。因此，為了協助團體達成決議，你可以利用下列分配資源的規則：**占比分配法**是把可用資源按照各方的努力來分配；**均等分配法**是按照人數平均分配資源；也可以按照各方的**需求**來分配資源；你在類似情境或**過去所累積**的經驗，也有助於判斷多邊談判中資

源分配的方式是否公平。

在多邊談判中，你不只要知道有多元的分配方式，也要知道各方的傾向。如果在眾人期望均分的時候採取占比分配法，可能會造成誤會和沒有效率的談判結果。在提案時，也必須要敏銳地察覺其他成員的公平感受。

要達成談判決議，團體間應該先對分配規則建立共識。若沒有指引方向的規則，各方可能會選擇最能夠提升自己地位的方式來談判。或者，談判可能會被分配規則定錨，畢竟那是一開始就建立的共識。

簡化假設則是認爲談判的對手不是來**合作**（每一方都會因爲團體表現而得到獎勵）就是來**競爭**（各方分配定量資源）的。然而，通常合作或聯繫的團體和你之間都不是純粹合作或純粹競爭的關係，而是**競合交錯**的。要成功地在這些既競爭也合作的團體中成功談判，各方成員就一定要表現出自己的偏好，試著說服其他人，選擇議價策略並交換資訊。

我們之前說過，談判中的兩大目標就是整合（增加可用資源）和分配（增加你拿到的可用資源）。下述《記錄報》的模擬案例，可以讓我們清楚地看到在多邊談判中要達成這兩個目標，難度會增加多少。

《記錄報》是一份發行量達到 80,000 份的早報，營收利潤很合理，約爲 3,600 萬美元。發行人法藍‧麥凱（Fran

McKay）要求各部門主管一起思考明年的策略計畫。大部分的細節都確定了，但還有三件事沒有達成共識：購買資本設備、增設新的銀髮版、增聘策略幕僚。營運、廣告、生產、物流和採訪部主管都同意齊聚一堂，討論這些議案。可用資源很有限，每個部門都有自己的想法。

麥凱對各部門主管的利益和化解報社的歧異想了很多方法。為了架構這場談判並了解、調解五大部門的利益，麥凱製作了一個矩陣圖（圖表 14-1），列出不同談判結果對每個部門的價值。為了能更容易比較各部門的利益，每位主管各自都有 100 點，可以分配在三大議題上。舉例來說，營運部主管卡希爾很關心電腦系統，比較不在乎其他議題，所以麥凱認為卡希爾重視電腦系統的程度是 60 點，另外兩項議題各20 點。表中列出了所有議題和每一位主管的利益。

添購資訊系統：卡希爾想要安裝一套可以為全公司運算所有紀錄的電腦系統，理想的系統可以提供所有公司需要的軟體，以進行薪資計算、應付帳款、總帳、發行量和廣告收入等。這套系統要價 20 萬美元。如果卡希爾不買發行量的軟體，那只要 13 萬美元；如果連廣告軟體都不要，那售價可以低到 4 萬美元。卡希爾真的很投入報社電子化的工程（從麥凱給予 60 點的價值就可以看出），但是其他主管卻沒有這麼在乎，他們可能會想要把預算用在其他地方（對他們來說不買任何系統只值 10 點）。

圖表 14-1　《記錄報》五大部門談判矩陣圖

《記錄報》	營運部	物流部	採訪部	生產部	廣告部
	卡希爾	查維茲	湯瑪士	米勒	傑克森
添購資訊系統					
200,000	60	0	0	0	0
130,000	40	3	3	3	3
40,000	20	6	6	6	6
不採購	0	10	10	10	10
增設銀髮版面					
每週新版	0	0	60	0	60
雙週新版	5	8	45	8	45
每週新頁	10	15	30	15	30
雙週新頁	15	23	15	23	15
不增加新版面	20	30	0	30	0
增聘策略幕僚					
採訪和廣告：8人；物流：0人，生產：0人	20	0	30	0	30
採訪和廣告：7人；物流：5人，生產：3人	17	6	27	6	27
採訪和廣告：6人；物流：9人，生產：5人	15	12	24	12	24
採訪和廣告：5人；物流：12人，生產：7人	12	18	21	18	21
採訪和廣告：4人；物流：18人，生產：9人	9	24	18	24	18
採訪和廣告：3人；物流：22人，生產：11人	6	30	15	30	15
採訪和廣告：2人；物流：28人，生產：13人	3	45	7	45	7
採訪和廣告：0人；物流：30人，生產：15人	0	60	0	60	0

增設銀髮版面：採訪部主管湯瑪士和廣告部門主管傑克森都非常同意為銀髮族群每週新增專版，這可以增加讀者量並吸引新的廣告商。因此，麥凱給了他們各 60 點。不過，新增銀髮版並不吸引物流部門主管查維茲和他的下屬，因為這麼一來他們就必須重新規畫派報系統，才能把報紙送到銀髮族住宅區。而儘管有其他更適合的備案（例如每週僅增加一頁，或隔週增加一頁），生產部門主管米勒仍認為每週新增銀髮版會增加員工的負荷。對營運部門來說，卡希爾麾下的員工已經過勞了，增加新的版面就代表工作量也要增加。

增聘策略幕僚：麥凱相信，人是逆轉頹勢的關鍵，所以他願意另外投資 50 萬美元在人事預算上。這筆錢獨立於任何資本預算項目之外，因此可以分配給各個部門，即使只分給兩個部門也無妨。

湯瑪士（採訪部）和傑克森（廣告部）都想要新增 8 個人。如果真的要多開一個銀髮版，他們會需要更多人手來製作新聞、吸引讀者、帶來新的廣告商，以增加報社的利潤。不過，麥凱認為新員工對物流和生產更重要。如果人事預算全部撥給這兩個部門，他們總共可以雇用 45 名兼職員工，其中 30 名可以負責派送報紙，涵蓋整個市區和外圍郊區的新訂戶；而原本郵務室人手不足，加班費金額極高，新增 15 名兼職員工可以大幅減少全職員工的加班費，為報社省下大筆開銷。如果查維茲（物流部）和米勒（生產部）拿走所有的人

事預算，麥凱會給他們60點，便反映出這個價值。卡希爾（營運部）可能希望人手愈少愈好，且他傾向雇用全職員工，所以他在這個議題上的立場並不強烈。

協調與決策規則：多數決與議程

雙邊整合型談判的處方雖然也都適用於多邊談判，但因為人數變多了，協調就愈形重要。舉例來說，在上述《記錄報》的案例中，麥凱有沒有建立談判架構，確保所有議題都經過充分討論，各方都清楚對方的立場？大家有沒有獲得足夠的時間和資源來發揮創意，找到解決方案？大家是否都願意找尋對整體有利的解決方案，而不是只想達成一個「還不錯」的協議？

要評估在競合脈絡下多方談判後的協議品質，可以用以下標準來檢視：

1. 參與各方是否有擴大焦點，納入討論中所有可談判的議題？
2. 參與各方是否有討論到個別議題的優先順序和各方的偏好？
3. 參與各方是否有集中精神來解決問題？

4.參與各方是否會考慮獨特、創新的解決方式？

5.參與各方是否願意在最重視的議題上交換利益？

因為多方談判本身就很複雜，因此通常會設定規則或策略來降低複雜性或簡化流程，以達成共識。這些策略雖然往往限制了整個團體探討其他創意解方的意願和能力，但是對高品質談判而言，這仍是一個很重要的標準。

決策規則：多數決的規範信念

在我們先前描述的《記錄報》談判中，要達成有效的決議，似乎必須讓五個部門都接受。雙邊談判確實是這樣，但在多邊談判中，共識決只是眾多決策規則中的一種。團體討論中確實經常使用多數決；但不管這個團體最終選擇了哪一種決策規則，都會影響到互動的複雜程度和分配結果。

很多團體面對的問題是：如何決定什麼時候該達成共識？團體經常會依賴像是多數決或一致決的規則，來確定這個談判結果有沒有獲得足夠的支持。多數決和一致決並不是唯一的選擇，但卻是最常見的。美國人常在不同的場合中選擇多數決，也就是採用超過半數人支持的決議。大部分的美國人都相信多數決是最公平也是最有效率的，可以結合每個人的不同偏好。

處方二：盡量避免在多邊談判中採用多數決。

在圖表 14-1 中，如果麥凱採用多數決會有什麼結果？以添購資訊系統的議題來說，每個部門一票，那麼多數決的結果（四票對一票）就是不採購任何系統，這個結果讓物流、採訪、生產、廣告部門都獲得 10 點；在增設銀髮版面的議題上，營運、物流和生產部門都不希望加闢一個銀髮版，三比二多數決的結果，營運部門得到 20 點，物流和生產部門獲得 30 點；在增聘策略幕僚的議題上，投票反對採訪與廣告部門拿走人事預算的只有物流和生產部門，營運部門可以獲得 20 點，採訪和廣告部門可以獲得 30 點。如果把每個部門的點數加起來，你會發現多數決只為每個部門創造了 40 點的價值而已。

多數決之所以經常被採用，是因為這個方法簡單又有效率。在純粹合作的團體裡，這可能是達成決議最有效率的方式；在純粹競爭的團體裡，多數決可能是最可以避免破局的方式；但在競合交錯的團體裡，多數決就沒那麼有效了。談判的議題如果超過兩項，就有很多種方式可以用來策略性地操縱多數決，最後無法產生充分整合型的結果。

多數決也沒有辦法顯示出歧異的力量，因為某個人或許特別在乎一個議題，但他的投票效力卻和另一個不在乎的人一樣強。舉例來說，營運部門想要購買價值 20 萬美元的電腦系統，但是廣告部門不想，儘管營運部門如果安裝了全套電

腦系統後可以產生六倍的價值，兩個部門的投票效力卻一樣強。在多數決的情況下，各方沒有機會去理解某個議題對別人的價值；而少了這份資訊，就很難找出交換條件，也無法透過不同的偏好達成整合型共識。

如果採用一致決又會怎麼樣？結果會比較好嗎？會產生超過 40 點的價值嗎？研究發現，在競合交錯的團體中，若採取共識決，會比多數決有價值。圖表 14-1 可以看出，如果要求一致決，這五個部門就必須做出交換，找到互惠的方式。

如果營運部門接受採訪與廣告部門想要的銀髮版面來換取整套電腦系統，並同意讓物流與生產部門獲得 45 名兼職員工呢？如此營運部門可以獲得 60 點，顯然值得在另外兩項議題上讓步。同樣地，另外四個部門其實不在乎電腦系統，而是更在乎其他的議題。如果最終五個部門的決議包含了全套電腦系統、每週新增銀髮版，且物流和生產部門可以增聘 45 名兼職員工，那麼每一方就都創造了 60 點的價值，這比多數決的結果高了整整 50%。要達成一致決，每個部門就得找到利益交換的空間，達成整合型結果。

整合型策略需要參與談判的各方了解對方的偏好，並找出把餅做大的方法，才有更多資源去符合所有人的需求。儘管這很花時間，但鼓勵談判人員達成一致決就會逼他們找出有創意的備案來把餅做大、滿足利益，完成談判的目標。或許有時候多數決是你唯一的選項，但是能免則免。

議程：論架構之必要

多邊談判經常運用議程來安排議題的討論。在決定議題的順序和談判的流程時，議程可以讓決策更有效率。在合作或競爭的團體中，通常在有議程時最能順利溝通，因為議程可以讓他們專心地以有秩序、有效率的方式，尋找最有效的決定。

處方三：盡量避免一件一件議題進行的拘謹議程。

通常在大家嚴格遵照議程的時候，每個議案都能單獨進行，而且移到新的議案之後就不會重起舊案。這可能會造成談判各方無法交換意見，以讓對方清楚自己的偏好，也就更難發現新的議題與找到交換利益的空間。這在純合作或純競爭的談判中比較沒有關係，因為本來就不可能達成整合型決定；但是在競合交錯的談判中，有議程的團體通常會達成比較少的整合型協議，沒有議程的團體則會比較多，因為議程會迫使這些團體一件一件地進行，來解決紛爭。

在《記錄報》的談判中，若按照議程要求這五個部門一次同意一件議案，或許會鼓勵每個部門的主管把資源看成定量的大餅，逼他們想著要怎麼妥協。若決定要在每個議題上妥協，就有很多潛在的決議方式。第一種妥協方式或許是買13萬美元的電腦系統、每週為銀髮族群新增一頁，再讓採訪

與廣告部門新增 4 名員工、物流部門 18 名、生產部門 9 名；這樣對營運部門來說，決議的價值有 59 點，物流和生產部門有 42 點，採訪和廣告部門則有 51 點。第二種妥協方式也可能是買 4 萬美元的電腦系統、每週為銀髮族群新增一頁，再讓採訪與廣告部門新增 5 名員工、物流部門 12 名、生產部門 7 名；這樣營運部門創造的價值是 42 點，物流和生產部門有 39 點，採訪和廣告部門則有 57 點。

這些妥協方式顯示出議程如何限制了競合交錯的團體，讓他們無法同時討論所有議題，並發現潛在的整合機會。在競合談判中，應該要揚棄以議題為導向的僵硬議程，改為解決問題的流程：（1）找出議題的輕重緩急；（2）讓各方表明自己的利益；（3）提出有創意的方式來解決問題。

處方四：聚焦於談判各方不同的利益和偏好，以推動有創意的整合型共識。

決策規則和議程是在建立多邊談判架構時的兩個選項。談判各方偏好哪一套規則，取決於用那套規則能談出什麼結果。對《記錄報》來說，麥凱的選擇應該很清楚：用一致決找出的整合型共識，對各部門來說價值 60 點；妥協型共識對每個部門的價值都不到 60 點；多數決的結果對各部門來說則只值 40 點。

結盟與多邊談判

或許雙邊談判和多邊談判最根本的差異在於，大團體裡面任何兩邊都可以結盟，集合資源，創造更大的力量以影響談判結果。例如雷曼兄弟的交易員就結成了同盟，獲得足夠的權力，可以將資源導向他們的短期收益，這樣對其他部門不利，對整個組織也沒有好處。

處方五：看清同盟其實很不穩定，談判的最終結果往往不符合整個組織的最佳利益。

在最理想的狀況下，團體決策應該是在所有人都著重於相同的目標之下所完成的。很遺憾，談判各方經常著重於自己和同陣營的利益，沒進入小圈圈的可能就比較沒有效力和生產力，因為他們沒有辦法取得那麼多的資源。在雷曼兄弟的案例中，對一個同盟而言是最好的方案，顯然不符合整個組織的最佳利益。

同盟可以影響團體決策結果的另一個原因，是小圈圈裡面的人比較少，也比較好管理。要協調的問題少了，大家的利益和目標又比較一致，所以鼓勵他們一起行動就簡單得多。

這讓同盟和其他談判各方相比，就比較占有優勢。他們不必把時間、精力、創意投入於建立整合型共識，在權力小圈圈裡面的人可以運用多數決，想怎麼樣就怎麼樣。

多數決在決定如何分配資源時是個很有效率的方法，但是在競合交錯的團體裡，假設又有聯盟，那就很容易導致最後做出的結果不符合整體的最佳利益。研究發現，當團體裡的成員權力平等時，這個團體能達成最整合型的共識，並且更有效地運用資源；相較之下，有小圈圈且權力分配不均的團體則無法如此。此外，在已經因為權力不平衡所苦的團體裡，成員比較容易結盟來利用不平等的現象。

在《記錄報》的談判中，這五個部門有很多結盟的機會。營運、採訪和廣告部門可以結為同盟，營運部門保證支持增設每週銀髮版（對另外兩部門值 60 點），換取後兩者支持公司購買 20 萬美元的電腦系統（對營運部門來說值 60 點）。這不是一個穩定的局面。想想看，如果你是物流或生產部門主管，你會怎麼做？如果營運、採訪和廣告部門形成同盟，你就拿不到什麼資源。既然他們已經同意要採購電腦系統，並增加銀髮版，談判桌上只剩下增聘員工的議案了，而這是你最在乎的。如果他們的同盟不倒，你大概也沒辦法爭取到你要的 45 名兼職員工。所以，對你最有利的就是去找營運部門，支持他買全套電腦系統，並說服他砍掉銀髮版（對營運部門總共價值 80 點），換取他支持你雇用 45 名兼職員工。

現在，採訪和廣告部門離開了同盟，面對很不利的結果。他們一定會去找生產和物流部門結盟，還會承諾他們更好的條件。像這樣翻來覆去，可以一直繼續下去。當然，這種權

謀的把戲在進行的時候，報社可能就很難出刊了。

要在雷曼兄弟或《記錄報》的案例中達成更好的結果，首先一定要先建立談判的架構，要求共識決而非多數決；其次，應該要著重於找出對全體和個人都有利的結果，以及為各方平衡短期與長期利益，嘉惠團體的每一位成員。

結論

本章提到了許多關於多邊談判的議題。如同本章開頭所述，多邊談判本來就比雙邊談判複雜，這是因為人際網絡龐大，且每一方都有自己的利益和考量。

我們說明了多邊談判為何比雙邊談判複雜：人數增加了以後，各有不同的利益，於是就必須建立協調與決策的規則，並面對各方結盟的風險，一旦有了小圈圈，資源就會無效地分配。多邊談判在組織中和組織之間愈來愈頻繁。要有效管理這些談判，就必須更仔細地尋找整合的機會，留心達致整合型共識的障礙，還要更敏銳地感知到決策規則對團體所達致結果的品質，會有什麼樣的影響。多邊談判讓你有機會可以運用知識、資訊和各方的觀點，來達成有創意的整合型解決方案。訣竅就在於：不要讓自己被眼前現成的答案給蒙蔽，以致錯失了更多的利益。

Chapter 15 | 透過第三方的談判

　　有時候在談判中，你可能會碰到包括第三方的情況。第三方本身不是談判人員，他或許也不在乎談判最終結果的本質，他最主要的目的是要促進你們達成共識。第三方對談判協議有什麼影響呢？

　　我們來看看扮演第三方的房屋仲介如何影響你的決定：

　　你想要買房子，你和你的房屋仲介這兩個月看了不少房子，你現在準備要出價了。（當然，你心中還有兩間備案，就像我們在第九章描述的情景！）這房子原本開價 199,500 美元。你和房仲商量過後，決定出價 160,000；賣方幾乎不多加思索就立刻還價到 189,000，房仲到你家來告知這個消息。你坐在廚房裡，說自己要想想下一步。房仲態度很堅定地說這個策略不對，他已經準備好出價合約了，就等你填上數字後簽名。他說你不管出多少都可以，但一定要馬上再出價。

　　你的房仲很懂房地產和當地房市。你必須決定是要聽他的立刻還價，還是再花點時間想想。你會怎麼做？

當透過如房屋仲介這樣的第三方來進行談判時，你不但要知道哪些事情對你很重要，也要知道哪些事情對他很重要。我們在這一章會討論談判中的調停者、仲裁者、仲介，以及企業主管等第三方所扮演的角色。了解任何一種第三方在談判中的角色，可以協助你挑選更理性的策略（我們晚點再回來看你和仲介在廚房裡的對話）。

在談判中，**調停者**會協助各方達成共識，但不能強迫他們接受和解方式。調停通常會用來化解勞資糾紛。

仲裁者會讓各方都說出他們各自的觀點，各方必須接受仲裁者的解決方案，例如棒球選手的薪水爭議。

仲介，例如房仲，通常代表其中一方，對他們自己能獲得什麼結果最感興趣。仲介和其他的第三方不同，他們不只是希望談判雙方能夠達成共識而已，還希望他們自己能夠在這個共識中分得更多好處。

企業主管擔任第三方時的立場相當獨特，因為他們不被這三種類型所限制：他們可以選擇忽略衝突到直接宣布解決方式中的任何一種做法。

不管你認為第三方很中立，或是他們在談判中也有自己的利益考量，請記得他們都是談判中的一分子，因此你必須要考慮他們的利益、誘因以及影響。當你知道如何刺激第三方，就能夠讓自己獲得更理性地談判所需要的洞見。

有時候談著談著，看起來好像勢必會破局了，這時候第

三方的介入可以協助大家找到共識。不過，讓第三方介入確實有一定的成本。例如第三方可能會施加壓力，要各方達成協議，談判人員往往很難抵擋這種壓力；有的時候，你甚至會被趕著要答應一個不符合你最佳利益的條件。本章的目的就是要讓你知道：如何運用第三方來協助自己達成高品質的協議。

透過調停者的談判

調停者協助談判人員達成協議的方式，就是控制各方要如何互動；他們也可以幫忙提出協議的方式，不過最後還是要由談判各方決定是否接受。調停是很受歡迎的介入策略，但並不是談判的萬靈丹。如果談判各方彼此敵意深重，那調停也沒有用。調停者通常可以在利益衝突比較小的談判中，協助談判人員讓步或達成協議；如果衝突規模很大、攸關重要利益或是雙方的差異過大時，調停就沒那麼有效了。

由於調停者是聚焦於讓談判各方達成同意，有些人會認為調停者不在乎協議結果是否滿足各方或其中一方的最佳利益。你可能希望調停者協助你達成滿意的協議，但他們只想要達成協議——**任何**協議都行。如果透過調停者談判，有時候破局還比勉強接受協議更好。你一定要能判斷什麼時候接

受協議對自己最好，還是應該乾脆離開談判桌。

這並不容易，因為第三方的存在可以改變談判各方互動的方式。在離婚調解的過程中，雙方通常都認為調停者最重視成功的協商結果，而不是實際的爭議或是雙方的性格。因為調停者有這種影響，你一定要隨時記得，多數調停者的目標就是要促成協議。不過，你也會希望調停者在有議價區間的時候增加你達致整合型協議的機會，在沒有議價區間的時候則協助**破局**。

很可惜，調停往往不會符合你的理想情境。在化解紛爭的過程中，多數調停者會影響流程——不只是影響協議的內容，還會說服雙方同意。例如，假設在談判中，有一方的權勢明顯比較高，調停者要促成協議就有三種策略：雙方都讓步、權力較大的那一方讓步，或是權力較低的那一方讓步。

這三種方法可能都有效，不過調停者可能會選擇阻力最小的那條路，讓權力較低的那一方讓步。當調停者這麼做的時候，就提出了明顯偏頗的建議；他們為了達成協議，卻可能犧牲了另一方的利益。如果調停者想要讓權力均衡一下，他們可能會要求權力較大的那一方讓步；如果目標是妥協，他們則可能會要求雙方各退一步，做出或許均等但卻是不理性的讓步。

每個專業的調停者在以第三方的身分進入談判的時候，可能會有不同的目標；但不管選擇哪一個策略，他們都很擅

長選擇目標，並採取必要的工具或論述來加速協商，說服各方接受協議。

透過仲裁者的談判

仲裁和調停的不同在於，仲裁者會決定最終的結果。仲裁者決策的方式會根據仲裁的類型而定。在傳統型仲裁中，最終的協議會基於衝突各方的立場和主張，由仲裁者在各方最終的立場中做出決定。因此，很多人往往會指控傳統型仲裁者只會在各方最終的提案中取個平均值而已。

如果仲裁者真的只會在提案中間取個平均值，那麼在透過仲裁者的談判中，你應該要怎麼做呢？你可以拒絕任何讓步，這樣協商到最後，如果要平均各方的提案，至少結果會離你近一點。表面上看起來，這好像是在鼓勵談判各方**不要讓步**（或不要讓步太多）；但弔詭的是，這卻使得更多的談判都以仲裁告結，因為各方都害怕萬一進入仲裁時，自己的立場太過軟弱或是妥協，因此都不願意讓步，也就無法達成協議。

為了解決這個問題，於是有了最終提案仲裁的方式。所謂的最終提案仲裁，指的是仲裁者必須在最終提案中選擇一個，所以無法左右協議的內容。如我們在第八章所說明的，

這種方法通常是用來解決職棒選手的薪資爭議。你可能猜得到，與傳統型仲裁相比，談判各方在進入最終提案的仲裁流程前，往往自己就會達成協議；否則如果仲裁者選擇了對手的最終提案，你會損失得更多。所以此時各方都願意在談判中讓步，自行和解。

你必須根據仲裁的類型，來選擇自己的談判策略。在傳統型仲裁中，你必須拿對自己有利的資訊來教育並說服仲裁者。你可以利用先前提過的決策偏誤來影響仲裁者，但若不謹慎運用就想要從這些偏誤中得利，可能會讓你的行為變得很荒謬。例如，如果你想要為仲裁者設定錨點以獲得公平的結果，你可能會提出過高或過低的提案，還試圖解釋得很合理。這就好像有間房子的開價是 30 萬美元，但你卻出價 0 元（想要為對方定錨），然後期待最後這房子能以平均價 15 萬美元成交一樣。我們在第四章就警告過了：對方根本不會認真看待你的提案，因為提案一定要可靠、可信才能夠當作錨點。要為仲裁者定錨，你必須說服他：自己的提案不但很公平，而且理由也很公平。要說服仲裁者，你可以替對你有利的結果建立框架，使得表面上看起來好像是對方得利。

面對最終提案的仲裁方式時，你必須說服仲裁者：自己的最終提案很公平。要這麼做，你就必須知道仲裁者認為的公平是什麼，並（準確）預測對手的提案。有了這份資訊，你就可以提出在仲裁者眼裡，比對手更為公平的最終提案。

一定要記得：考量別人的想法及其可能採取的動作很重要。你不只要知道仲裁者在想什麼，也要考慮對手（在仲裁前和仲裁時）可能有哪些行動。有哪些因素會影響對手的決策，讓對手願意達成協議，不要走入仲裁程序？

　　第六章所提到的取得資訊的難易程度也會影響協議。仲裁的成本與代價對談判各方達成協議的意願影響很大。當啓動最終提案仲裁的成本非常清楚、高昂的時候，談判人員比較有可能會達成協議。此外，和傳統型仲裁相比，在面臨最終提案仲裁的威脅時，談判人員會比較願意在更多議題上達成和解，態度也會比較有彈性。

　　因爲仲裁過程中需要各方做出明確、堅定的選擇，因此特別適合用來研究談判各方在化解衝突時是如何做出決策的。這可以協助你理解各方和仲裁者在談判中的思維，讓你發展出能夠達致更理性、更有效率的結果的談判策略。

透過仲介的談判

　　談判結果通常不會影響調停者和談判者的利益，但是對仲介來說就不是如此了。談判結果會影響到仲介的利益，因爲他們正式代表其中一方。你或許很希望你的仲介會將你的利益擺在心目中的首要位置，但往往卻不是這樣（尤其是在

你的利益和仲介獲得酬庸的方式不同的情況下）。例如，很多運動選手的經紀人認為他們應該「照顧選手的利益」，但運動經紀人諾比‧華特斯（Norby Walters）與洛伊德‧布魯（Lloyd Bloom）的案例顯示，實際情況並非如此。

1988 年 8 月，諾比‧華特斯與他的合夥人洛伊德‧布魯面臨了敲詐、郵件詐欺與密謀勒索等八項指控。據稱這些經紀人提供大學美式足球選手昂貴的衣服、演唱會門票、機票、汽車、現金、無息貸款、飯店住宿、禮車接送、高額保險、旅遊等好康，選手除了自己可以認識明星，連他們的家人都有現金可以拿。這些經紀人至少要求 43 名運動選手簽下遠期合約作為回報，等這些選手未來成為職業選手時，他們就可以取得獨家經紀的權利。美國大學運動聯盟（NCAA）明文規定，大學運動選手必須要完成最後一年的參賽資格，才能夠簽下這種經紀約；於是經紀人就大動手腳，把合約處理成像是選手已經符合了資格才簽下的樣子。

這些經紀人威脅了至少 4 名想要解約的選手，說會讓他們這輩子再也無法打球。此外，布魯還被指控詐騙堪薩斯城酋長隊的跑衛保羅‧帕默（Paul

Palmer）。他説服帕默把 45 萬美元簽約獎金的三分之一，拿去投資一家替人提升信用評等的公司，但布魯卻拿這筆錢去租用勞斯萊斯、花了其中 7,000 美元購買衣服，甚至還用來償還自己的卡債、支付前妻的房租與空手道課程的費用。

....

　　理論上，經紀人要代表當事人或身陷爭議中的客戶發言或採取行動。他們就像調停者一樣，沒有什麼可以強制執行解決方案的權力。但是另一方面，他們通常比談判人員擁有更多資訊，卻不見得會運用這些資訊來為客戶謀福利。就連最誠實的經紀人，有時也會受到誘惑以致和客戶的想望背道而馳。因此，經紀人可能會在爭議中違背談判人員的利益。

　　經紀人或仲介之所以會出現在談判中，是因為他們擁有特殊的知識。最常見的例子就是房地產仲介，因為房仲很清楚房市，而且擁有可以媒合買賣雙方的特殊技能。有時候仲介比較被動，猶如買家和賣家之間的信差；有時候仲介很主動，甚至會直接參與議價過程，達成協議。

　　仲介一定是談判的其中一方或雙方請來的。這就是為什麼在買家和賣家直接談判時，如果有仲介的存在，議價區間會縮小的原因。儘管買家和賣家都需要仲介來代表他們，但在法律上，不管仲介和買家之間有什麼關係，仲介通常只對

賣家負責，因爲賣家會根據房子售出的價格支付佣金，房仲自然會比較爲賣家著想。這很可能會影響仲介和各方分享資訊的方式與程度。

房仲的佣金通常會讓房屋的賣價增加，因爲賣家都希望能用賣房子的盈餘來支付仲介費。房價會增加多少不一定，或許只是把仲介費加上去而已；不過，只要仲介對該筆買賣有信心，就會盡量往上抬價，接近買家的上限，這樣不但能增加自己的佣金，也能爲賣家帶來更多盈餘 —— 在支付掉仲介費後，餘款都是房仲爲賣家所創造的利潤。

房仲通常都是利用這種論點來說服賣家不要自己賣屋，而是透過他們。然而，房屋還是有個客觀的市值，與賣家有沒有找仲介無關，而這個價值（與後續的成交價）不會受到仲介所影響。

這兩種角度就推導出了非常不同的結論：一種認爲是買家負擔了房仲的佣金，因爲仲介把成交價給提高了；另一種則認爲是賣家負擔了房仲的佣金，因爲房子的價值是由市場決定的，而非仲介、買家或賣家。

在我們的研究中，我們直接比較房屋的賣價與破局的機率，想要了解如果不透過第三方來交易會有什麼影響。結果顯示，如果有仲介的協助，成交價**和**破局率都會比較高；如果沒有仲介，這兩個數字都比較低。

你大概已經知道雇用仲介並不便宜。不過，如果你是賣

家，而仲介幫你達成協議，增加你的利潤，那麼花一筆錢聘請仲介或許就很值得。無論你是賣家或是買家，都必須決定要和仲介分享多少資訊。例如，讓仲介知道你的保留價格到底符不符合你的最佳利益？還是不要讓他知道你的保留價格會比較好？我們發現，當仲介只知道賣家的保留價格時，成交價最低；當仲介只知道買家的保留價格時，他會用這項資訊來提高成交價，多賺一點錢；而如果兩邊的保留價格都讓仲介知道的話，破局率最高。因此，對賣家來說，最好的情況就是仲介只知道買家的保留價格，或是雙方的保留價格他都知道。

考量不同第三方的決策過程與誘因結構很重要。如果能理性地考慮所有可用的資訊，理解談判桌上每個人的顧慮，就能夠在談判中追求最高利益。

讓我們再回到廚房⋯⋯

讓我們回到本章一開頭的故事。現在你已經知道房仲進入談判的誘因了，你還要聽他的建議立刻還價嗎？我們的答案是「不要」。仔細想想你的房仲要什麼：他希望你和賣家達成協議。一般來說，房屋買賣中的仲介費是 6%，這筆錢的 3% 是他的，3% 是仲介公司的：這代表房屋的成交價每差 1,000 美元，對他的來說就差 30 美元。當然，如果他認為你

會收手的話，他就不會給你太多成交的壓力。對他來說，你留在場中比較好，能夠成交最重要，成交價則沒那麼要緊。如果這間房子以 17 萬美元成交，他可以拿到 5,100 美元；如果以 18 萬美元成交，他可以拿到 5,400 美元，沒差多少；但是如果沒有成交，他就什麼都沒有。

房仲請你還價，就是希望能夠提高你達成協議的意願。他希望打鐵要趁熱，因為有熱度，你未來或許就更有可能讓步。這個過程充滿不確定性但也讓人興奮，你可能會為了想要得到這間房子，就不那麼在乎價格公不公平了。房仲愈能讓你的價格接近賣價，就愈能讓你們其中一人妥協。「我們只差幾千美元就能談定了，要不然大家各退一步，今天就簽約吧！」你一旦明白房仲最主要的目標是要讓你達成協議，就更能做好準備，利用他的行為創造出你的成功談判策略。

透過企業主管的談判

在很多談判情境中都可以發現調停者、仲裁者以及仲介的存在；他們的角色如何定義，就限制了他們介入爭議的選項。在組織裡，有時候發生衝突了，主管就必須出來主持公道。主管不受到前述的第三方角色限制，可以運用許多不同的策略來介入同儕或部屬間的衝突。

採用調停策略的主管和典型的調停者不一樣，因爲通常他們自己也身陷衝突之中。他們不只要考慮到化解衝突的方式，也要考量整個組織和所有當事人的利益。企業主管和多數第三方角色不同，他們和談判各方都有職場關係——通常在衝突前，他們就已經建立了人際關係；在衝突化解之後，關係還是得維持下去。

　　因爲他們的處境獨特（要和部屬面對面），因此可以選擇許多不同的斡旋策略。主管可以忽略爭執，選擇調停，或單方面宣布解決方式（仲裁）；他們也可以讓各方先試著解決問題，然後在他們很明確地無法達成共識時才介入，宣布解決方案。因此，企業主管的行爲可說是結合了多元的干預策略。

　　透過非正式第三方如企業主管來進行談判的時候，你必須要知道如何影響他們的行爲。你知道你的主管什麼時候會選擇不介入嗎？你知道他們什麼時候會進行調停嗎？他們什麼時候會強迫大家採用他宣布的解決方案呢？企業主管確實會傾向選擇最能夠控制結果的策略，但這只是部分的面向而已。影響他們斡旋風格的重要因素有五項：目標、衝突的規模、衝突的重要性、時間的壓力，以及他們與當事人之間的相對權力。

　　企業主管的斡旋方式會受到他們個人的**目標**影響。研究發現，和一般職員相比，主管的目標不是公平，而是效率。

最在乎效率的人最想要掌控結果，想要當事人執行最終決議的人則會退一步，讓各方在決策的過程中有更高的參與度。

當企業主管擔任組織內部爭議的第三方時，他們有多重而且互相衝突的目標。例如，他們可能想要很有效率地解決紛爭，又想確保最後的決議會被大家採納。在這種情況下，要達成目標所需的策略就必須隨著時間調整，或者視這個目標在談判過程中的相對重要性來增加或減少控制。

企業主管幹旋的方式也會受到他們預期的**衝突規模**所影響。如果談判各方看起來好像快要達成決議了，他們可能就不會涉入，或是會減少自己的影響；如果談判各方的立場離達成協議還差得很遠，主管就必須選擇掌控性更強的策略，尤其是他們想要成為最終的權威以化解爭執，或是當談判各方不太可能再繼續共事的時候。

衝突的重要性也很關鍵。如果這衝突會大幅影響組織，那麼主管會比較謹慎地控制結果；如果對組織來說其實無關緊要，那麼主管就會只聚焦在如何化解爭執，並利用比較和緩的策略，例如協助各方達成共識。

在**時間壓力**下的企業主管會比較想要和解。隨著時間愈來愈少，壓力愈來愈大，他們介入的方式就會愈來愈強勢。

第三方和當事人之間的相對權力也很重要。企業主管在決定幹旋方式的時候，必須考慮到當事人是誰。在面對下屬時，主管會採取掌控性比較強的方法；在面對同儕或上司的

時候則不會如此。當企業主管被要求排解同僚與上司的爭執時，他們比較可能會採取調停的方法。

企業主管的位階也會有很大的影響。職位愈高，他們愈可能和下屬分享權力和權威，下屬當然比較偏好這種主管。此外，組織裡職位愈高的人愈傾向非政治的干預方式，職位較低的員工則否。因此，處在不同的層級，企業主管和當事人就會偏好不同的斡旋程序；基層員工可能會比較在乎公平不偏，高階員工則比較在乎能不能掌控談判的結果。職員與主管在知識程度上的差異也會影響所使用的斡旋策略，高階員工對工作的所知可能和主管一樣多，因此會希望在決策過程中更能自主。

結論

本章的重點在於：當透過第三方進行談判的時候，必須考量到他們的目標、利益，以及他們可能採取的行為，才能發展出有效的策略。第三方往往不是完全中立的法官，知道什麼對你最好。你必須要記得：第三方在談判過程中也是活躍的一分子，甚至還可能透過特定的結果獲利。

企業主管若在談判中擔任第三方，一定要很有彈性。他應該要能夠在完全不作為和完全控制的斡旋策略之間做出調

整。要判斷在什麼情況下應該使用什麼策略的這股不確定性會讓談判更加困難,但是要擔任第三方,或是在談判中和擔任第三方的企業主管合作,最好的準備就是了解主管或當事人、他們的誘因,以及他們所代表的那方有什麼樣的需求和目標。

Chapter 16

競標：
再探贏家的詛咒

　　很好笑又有點古怪的專欄作家大衛·貝瑞（Dave Barry）常說人們為了錢以及上電視，願意做出千奇百怪的瘋狂行為。貝瑞認為，大家都很想上電視，又愛看各種關於人體的奇特節目，於是他提案製作一個新的電視節目，叫作「為錢吃蟲」。在節目中，攝影棚裡會有一隻巨大的、活生生的昆蟲，參加者要各自祕密地寫下他們至少要拿到多少錢才願意吃下這隻蟲，出價最低者（贏家）就可以吃掉牠，獲得現金。貝瑞說這個點子是來自他的編輯，因為後者曾經公開說只要給他 2 萬美元，他就願意吃下一隻「活生生的巨大南佛羅里達蟑螂」，貝瑞的妻子則說她只要 2,000 美元就願意吃。貝瑞在該篇專欄文章的結尾，就問讀者願不願意回信來參加競標。你先別偷看後面的答案，猜一猜貝瑞收到的最低出價是多少？

　　本章要探討競標的問題。我們所討論的策略可以讓貝瑞出最少的錢就能看到吃蟲秀，並解釋為什麼他只要出遠比你想像中要**少**的錢，就能讓人願意吃下這個噁心的生物。在分

析貝瑞的競標吃蟲賽之前，讓我們先思考一些比較常見的競標場景。

　　組織之間經常要爭相延攬人才或競爭其他有價的資源，例如合約、專利或併購其他公司。在這種競標過程中，每一方都想要出價得標。由於互動有限加上反托拉斯法的規範，這些互相競爭的組織之間通常不會有什麼溝通的機會。想想以下這些情況：

- 你的棒球隊要競標一名自由球員。這個球員的打擊紀錄不錯，但有點不穩定。在自由球員選秀中，共有11個球隊（包括你的）看中這名球員，都想要延攬他入隊。他和每個球隊單獨討論之後，選擇了你的出價，因為你的價碼對他最有吸引力。這名球員能讓你的投資有價值嗎？
- 你是一間小型電影院的老闆，要和其他電影院競標首輪電影的播映權。有一部電影預計在6個月後上映，應該會很熱門。你和其他電影院老闆必須在試映前就投標。你出價了，這個價格高到足以「打敗」附近的競爭對手，為你贏得播映權。你該為此慶祝嗎？
- 你的集團在考慮併購一家新公司，很多企業也都想要競標。其實要被收購的這家公司實際價值並不明確，但他們表示願意被出價最高者併購。你出價了，和其

他參與競標的半打企業相比，你的標金最高，所以你成功收購這家公司了。你成功了嗎？

· 你在參加藝術品拍賣會，很喜歡其中一件作品。你不想以高估這件作品的價格買入，但又覺得它可能很有價值。你知道自己的專業不足，而且既然有其他人競標，那麼這件作品肯定有價值。你得標了。你應該要感到高興嗎？

　　在這些競標案例中，天真的分析會讓你覺得應該要很高興自己贏了，畢竟你用自己設定的價格獲得了想要的目標。不過，你有可能已經在競標過程中陷入了「贏家的詛咒」。

　　競標過程中的贏家詛咒，和談判過程中的贏家詛咒，概念是相關的。在雙邊談判中，贏家的詛咒會導致你忽略對方的立場——通常是賣家的立場；而在競標過程中，贏家的詛咒之所以發生，是因為出價最高的人沒有考慮到自己和其他競標的人，都在這個資訊不對稱的狀況中屈居劣勢——掌握最多資訊的是賣家。

　　你在上述情境中之所以能夠以最高價結標，其中一個原因是你顯然高估了那項商品的價值。不妨請朋友或同事（愈多人愈好）來進行以下實驗：在罐子裡裝滿零錢，記下你總共放了多少錢，再來拍賣這個罐子（贏家可以拿走等值的鈔票，以免有人不喜歡那麼多銅板）。可能會得到以下結果：

平均標金比罐子裡真正的價值要少（大家想獲利），但贏家出的價格一定會**超過**罐子的價值。贏家往往會自願掏出更多錢，這對他來說是場賠錢的生意，獲利的是你。但怎麼會有人用高於真正價值的金額來投標？

我們在不同的 MBA 學生之間進行了 48 場實驗（12 個不同的班級，共參加了 4 場拍賣）。罐子裡面的零錢總共價值 8 美元，我們請同學估價後才開始拍賣；估值最接近的人還可以再獲得 2 美元的獎金。結果學生的估值都受到偏誤影響而明顯偏低，48 場實驗的中數是 5.13 美元，遠低於 8 美元；但是我們卻從來沒有賠過錢，48 場拍賣結算下來，平均得標金是 10.01 美元，表示每位「贏家」賠了 2.01 美元。

圖表 16-1 描繪的是競標的過程。估值曲線（E）指的是競標者認為某項商品有多少價值，出價曲線（B）則是他們的標金。這張圖表假設了：（1）中數等於商品的真正價值，即沒有集體高估或低估的可能；（2）投標者根據估值往下修正，然後出價，這說明了估值曲線向左傾的原因。圖表 16-1 呈現出得標者（即在出價曲線右側的某人）的出價或許會超過商品實際的價值，出價最高的通常也會是估價最高的人，而由於無從證明這個人比其他參與競標者掌握更多的資訊，所以「贏家」在得標的過程中會付出更多。一般認為，**當商品價值的不確定性很高，且出價者眾多的時候，在拍賣中的「贏家」往往其實是輸家，他們會以過高的價格收購該商品。**

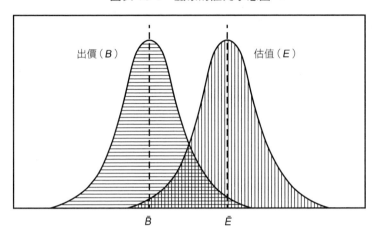

圖表 16-1　贏家的詛咒示意圖

變數	假設
E= 估值 B= 出價 D=（折扣）=E–B	1. 真正的價值 =Ē 2. 對所有競標的人來説，真正的 　　價值一樣高

　　想要避免在競標過程中落入贏家的詛咒，切記：如果你認爲你的標金最後會贏得這場拍賣，你就可能比其他對手更高估了該項商品的價值。如果和很多人在競標一項價值很不明確的商品，你應該調降估值和標金，這樣如果你贏了，比較不會付出太多；而如果你已經付出了太多，那至少會比原本要付的來得少。

在競標過程中，損失的機率與規模會隨著競標的人數與商品價值的不確定性而增加。大多數人在競標人數增加的時候就會提高標金——愈多人競標，他們對這項商品的價值就愈有信心；多出來的信心讓他們覺得有必要提高標金好打敗對手。事實上，愈多人加入拍賣，就表示最後至少有一個人會當冤大頭。其實，每多一個人參與投標，離開拍賣場的理由就多了一個，只是很遺憾地，你的直覺通常不這麼想。

同樣地，商品價值的不確定性愈高，標金的範圍愈大，就愈有可能至少有一人的投標金額會遠遠超過商品的價值；反之，如果商品的價值很明確，標金的範圍就會比較窄。顯而易見的是，物品的價值愈是主觀認定，參與競標的人的出價範圍就愈大，拍賣對賣家就愈有利。

我們也研究過贏家的詛咒在最低標時的情形。最低標意指有多家公司在競標某項專案，由出價最低者勝出（類似貝瑞的吃蟲節目）。有一群常常在做最低標的營建公司主管參與了研究，我們想看看這些主管是否能夠廣泛地運用他們豐富的經驗，以做出更理性的決定；然而，他們終究還是敵不過贏家的詛咒。他們的表現並沒有比學生好多少，他們的出價遠低於合約上的實際價格。他們缺少談判的專業，以致無法從他們的知識和經驗中，找出可以廣泛應用在不同場景中的心法。

實際應用

石油業率先注意到贏家的詛咒。大西洋富田煉油公司的工程師卡本（E. C. Capen）、克雷普（R. V. Clapp）和坎貝爾（W. M. Campbell）觀察到：

近年來，很多大公司仔細檢視了他們自己的紀錄，以及那些以封閉式競標為招標方式的地區的產業。最值得注意和研究的地區是墨西哥灣。很多分析師驚訝地發現，雖然這個區域內似乎有很多石油與天然氣，但石油產業在這裡的投資報酬卻不高。事實上，如果你忽略 1950 年以前土地比較便宜的年代，投資墨西哥灣的石油業，還不如投資當地的儲蓄互助社。

他們引用了許多研究支持這個主張，並且記錄了一項新奇的發現：最高出價和最低出價的比例通常高達五比一（在某些特殊情況下甚至可以高達一百比一）。以 1969 年阿拉斯加北坡的競標案為例，得標者出價 9 億美元，第二高價則是 3.7 億美元；其實得標者少出個 5 億也還是會得標。

這三位工程師在 1971 年出版了他們的結論，當時墨西哥灣有 1,223 場投標還沒有開標。此後，其他學者也紛紛注意到了這個議題，有一組學者報導道：「在這 1,223 場投標中，

企業平均每場損失了 192,128 美元……我們的資料顯示，在這些標案中有 62% 都沒有獲利……另外 16% 都賠錢……在有獲利的 22% 裡，也只賺了 18.74%。」看起來大家還是都敗給了贏家的詛咒。

在企業併購的競標過程中也可以看到贏家的詛咒。為什麼有些企業會付出遠高於市價的金額來收購其他公司？最常見的答案就是「強強聯手」，但其實沒有證據可以證明這樣就能創造出綜效，符合投資效益。高達三分之一的併購案最終都失敗了，另外三分之一則無法符合期待。研究還顯示，對被併購的公司而言，股東可以獲得大筆利潤；但對進行收購的那家公司來說，股東其實並沒有賺錢。以下這段話最能描述收購者的錯誤決定：「在每一個情境中，收購者都會高估要併購的那家公司對自己的價值。收購者並沒有獲得足夠的資訊，或充分評估他們所獲得的資訊；他們以直覺代替分析。因為擔心有對手競價，所以他們合理化了自己接受不足資訊的意願，導致提高了出價。若是擁有充分的資訊，他們就不會出那麼高的價格。」

收購者自己會評估想要併購的那家公司價值多少，而且往往會比較相信自己，而不是市場的評估。儘管每個人的判斷都不可靠，而且大家都知道併購公司不會賺錢，但主管們仍然會依據對自己判斷力的過度自信繼續出價。因此，最高估併購價值的那家公司，最有可能會完成收購，然後就落入

了贏家的詛咒。潛在的併購者應該要收斂他們的樂觀性格，認知到出價最高的贏家可能會付出太高的金額，超過目標的價值。

其他產業也有類似的情況。以出版業為例，出版社有時必須競標一份作品。競標過程中有個很重要的因素，就是作者可以收到的預付款。一項研究發現，對出版社而言：「簡單地說，問題就是這些競標的書籍最後連預付款都沒有賺回來。事實上，這些書往往賣不出去，因為銷售量被高估了。」當然，（過度）自信會讓每一位作者都預期他的書絕對不會賣不出去。

贏家詛咒的最後一項應用在棒球界，這一點也不令人意外。研究發現，競標自由球員的球隊通常都花了過高的金額來簽下球員。我們在先前的論述就預測說，當有多支隊伍參與競標，且各隊對該球員的價值都有不同意見的時候，球隊往往會以最高金額超額競標。當大聯盟老闆似乎理解了贏家詛咒的代價有多高，便共謀想要對抗自由球員制度以破除詛咒。在某段時間，球團曾停止競標其他球隊的球員，但很遺憾地，這些老闆都因為在 1986 至 1987 年季後賽期間的共謀被判有罪，必須要賠償球員。在那之後，大聯盟又恢復了會賠錢的競標模式。

結論

「得標的贏家」往往會發現他們其實可以不必付那麼多錢。會發生這種事，是因為出最高標的那個人或那家公司，對商品的估值往往比其他對手要高。多數投標者不明白這一點，結果他們即便「贏了」這場拍賣，其實卻是輸了。很多企業主管可能會反駁說是公司要他們參與投標的，但是我們認為，若清楚了贏家的詛咒，就能更仔細地選擇投標環境，預期其他對手所產生的影響，並且透過準確的資訊來推算商品真正的價值。就像第七章所討論過的，獨立鑑價師可以提供獨立、公正的估值，這在拍賣中很重要。多邊競標會讓理性談判變得更為複雜，但正因為如此，對理性談判的理解也就更為重要。「贏得」拍賣顯然不見得是實質上的勝利。

那大衛・貝瑞的吃蟲表演呢？貝瑞告訴我們，他收到很多人想要取代他妻子贏得吃掉「活生生的巨大南佛羅里達蟑螂」的出價。事實上，很多人甚至還說願意免費吃蟲！這雖然不符合我們對於吃蟲的期待，但是卻很符合我們對贏家詛咒的理解：當很多人在競標一份價值不明的「獎品」時，贏家應該要能預期這份獎品的價值低於得標的標金。在低價得標的拍賣，例如貝瑞的吃蟲標案中，最低標者可以預期自己會以低於實際價值的金額得標。從吃蟲標案中的「獎品」，就可以很明顯地看出贏家的詛咒啦！

Chapter

17 | 透過行動來談判

　　你不見得總是能面對面地談判。有時候，你是透過行動來和其他人談判，這就會產生一些問題：對一方來說很理性的行為，有時會對整個大群體或社會產生不理性的結果。

　　經典的牧羊人問題就是在講這個道理。假設有一群牧羊人在公共草地上放牧，每個牧羊人都知道如果增加牲口，就能增加自己的利潤。羊群吃草過度消耗資源的共業由所有牧羊人共同承擔。如果牲口總數太大，牧草被吃完，環境就被破壞了，所以牧羊人的**集體**利益是要約束自己的牲口數，這樣牧草才能生生不息；但是對個別牧羊人來說，**個人**利益卻是要超越限制，增加牲口。多數牧羊人會短視近利地增加牲口，最後破壞了草地。如果你是牧羊人，你會怎麼做？

　　這個案例可以讓我們聯想到現代社會所面對的各種資源稀缺與汙染的議題。市場中競爭對手的選擇也反應出了這個難題，在某些情境中，談判各方只能透過行為來溝通。牧羊人若要合作，不能空口說白話，而是要控制自己的牲口數。通常當法律禁止面對面談判（如反托拉斯法）且各方信任度

有限的時候，這種做法比較常見。我們先以簡單的雙邊談判來思考。

你是一位產品經理，負責行銷洗碗精。在洗碗精的市場裡，你只有一位對手。你要決定要不要製作廣告，讓消費者知道對手的產品有哪些缺點，例如會傷害洗碗機的馬達、碗盤上還是會留下汙漬等。

不過，對手也同時在想，要不要透過廣告宣傳你的產品有哪些缺點。因此，你的產品未來有多少獲利能力，不僅取決於你的決定，也被對手的決定所牽制。假設雙方都不要做負面宣傳，彼此都可以從銷售中獲利 100 萬美元；如果一家公司打了負面廣告，另一家沒有，那麼打廣告的公司可以獲利 200 萬美元，對手則損失 200 萬美元（因為失去了市場占有率）；如果兩家公司都打了負面廣告，洗碗精的銷售量就會下跌，兩家公司都將損失 100 萬美元。你不可能和對手商量。那麼你要不要打這則廣告？

我們可以把可能的結果畫成下頁表格。

如果對手不打廣告，你也不打廣告（也就是雙方**合作**），你可以賺 100 萬美元；如果對手不打廣告，但你打了廣告（也就是你**背叛**），那你可以賺 200 萬美元；如果對手打廣告（**背叛**），你不打廣告（**合作**），你會損失 200 萬美元；如果對

	A	
	不打廣告	打廣告
B 不打廣告	A: 賺 100 萬美元 B: 賺 100 萬美元	A: 賺 200 萬美元 B: 賠 200 萬美元
打廣告	A: 賠 200 萬美元 B: 賺 200 萬美元	A: 賠 100 萬美元 B: 賠 100 萬美元

手打廣告，你也打廣告，那你會**損失** 100 萬美元。不管對手
怎麼做，你還是打廣告比較好。所以在這個難題裡，每一方
的「優勢策略」都是背叛對方，打負面廣告；不過，如果雙
方都打廣告的話，他們的銷售量會比都不打廣告還低。如果
他們能夠對話，就能輕易地談出不要打廣告的協議，只是在
這個情況下他們不能對話。

這就是經典的**囚徒困境**：

想像兩名共犯被警方逮捕之後分別審問。警方很確定如
果沒有人要認罪或告訴對方，還是能證明這兩人犯了其他輕
罪，至少判刑 2 年。不過警方真正想要的是其中一人判重罪，
讓另一人獲得認罪協議。只要一人能提供證據，讓另外一人
判重罪，那他自己就能免罪，而同夥則會被判刑 10 年；如果
他們都決定告發對方，兩人都會被判刑 6 年。因此，對這兩
個囚徒來說，如果同夥舉發自己，自己就要蹲十年牢，而同
夥卻不必坐牢。這兩個囚徒應該怎麼做？你又會怎麼做？

對這兩個囚徒來說，如果他們一起保持緘默（合作），下場會比舉發對方（背叛）要好；可是，如果他們只考慮到自己，那不管對方怎麼做，舉發對方才是比較好的選擇。

當某一方在競爭環境中占有「優勢策略」，就會產生困境，他們不採取這個策略才對群體有利。若是只有兩方的情況，通常稱為**囚徒困境**；若牽涉到多方，則稱為**社會困境**。在這些情況下都沒有簡單的合作方式，單純的分析都會認為背叛才是理性的。

是否打負面廣告的問題是一個很簡單的決策，做了決定就結束了；牧羊人的困境和多數的管理決策則都會持續下去，還有更多合作或背叛的機會。在最基礎的多輪困境（multiple-round dilemmas）中，每一方都透過行為來溝通，以選擇來表示是要合作或是競爭。因為談判有很多回合，所以就會創造出讓雙方長期合作的誘因，畢竟他們必須考慮目前的行動會如何影響未來，也就是：他們要如何建立成功的長期競爭策略？

政治學家羅伯特·阿克塞爾羅（Robert Axelrod）研究了連續進行數個回合的囚徒困境遊戲，來檢視在持續的困境中是如何產生合作的意願。他利用電腦競賽研究囚徒困境的有效選擇，廣邀不同領域的專家參賽。每位專家可以根據過去的互動史，設定每一回合的選擇策略，目標就是要在數回合的互動中盡量得到高分。總共有 14 個作品和一個隨機的策略

在比賽中相互競爭。

最後得分最高的，竟然是最簡單的**以牙還牙**。這個策略就是先合作，接下來再模仿對方的前一步。也就是說，如果你是洗碗精廠商，第一回合先不要打負面廣告；接下來，你的對手在第一回合怎麼做，你就怎麼做——假設對手下了廣告，你就跟著下；假設對手不廣告，你就不廣告。

阿克塞爾羅公布了比賽結果，廣邀各方再次參與第二輪的比賽。這一次有 62 位專家報名，很多人都想要提出比以牙還牙更好的版本，但是最後以牙還牙策略又贏了！爲什麼？因爲和其他策略相比，以牙還牙可以發展出合作程度更高的關係，促進對雙方都有利的結果。而且，以牙還牙在有很多對手的局面中，還是能創造出「整合型共識」。

對於以牙還牙策略之所以能夠成功，阿克塞爾羅提供了以下處方：

處方一：不要嫉妒。

人總是會拿自己的成功和別人的成功來比較，這樣一來就會產生嫉妒心，而在社會困境中，嫉妒心有自我摧毀的能力。另一個比較好的比較方式是，想一想如果換成別人坐在你的位置上，他們會不會表現得比較好？如果你採取了對方的策略，你能盡力做好嗎？

以牙還牙之所以能夠贏得比賽，是因爲不管對上任何策

略，這種應對方式的表現都一樣好；但是以牙還牙從來沒有在任何一回合中贏過對手！這個策略就是贏不了。以牙還牙最多只能和對方同分，或是小輸一點。

我們在這裡獲得的教訓是：不需要嫉妒別人的成功，因為在長期的關係中，別人要成功，自己才能夠有好表現。切記：這個比賽的目標，是要盡量在和任何選手進行許多回合的互動中得到高分，而對方也想要得到高分。沒有任何規則要求你在某一局的分數要高出對手。

處方二：不要率先背叛任何人。

避免不必要的衝突，只要對方願意合作，就釋出善意。不過，這是有前提的：第一，如果雙方不重視長期關係，只想要透過不合作或背叛獲得近利，那等著被對方背叛並不是個好主意。如果你以後不太可能會再見到對方了，馬上背叛會比釋出善意得到更多利潤。第二，如果所有人都在採取永遠背叛的策略，那麼你不率先背叛別人就不會比較好。

處方三：對方合作就合作，對方背叛就背叛。

以牙還牙代表在報復和寬恕間求得平衡。如果對方背叛你，你懲罰的方式是多次背叛，那就會有衝突升高的風險；另一方面，如果對方背叛，你卻不報復，那你就會被吃得死死的。報復和寬恕最有效的程度，要視情況而定。如果你有

可能會面對無止盡的互相報復，那最好大方地寬恕對方。不過，如果你的策略讓你很容易被對方吃定，那過於寬恕的代價就太高了。

處方四：不要太聰明。

如果希望對方懂你的訊息，策略就要很明確。在分配定量大餅的情況下，隱而不宣你的企圖很有用，因為你的獲利來自對方的損失；但是在其他情況之下，這麼精明未必能有收穫。在囚徒困境裡，你的獲利來自對方的合作，因此祕訣就在於鼓勵對方合作。要這麼做，你就必須明示對方：他合作你就合作，他背叛你就背叛。文字會有幫助，但行動更有效。這就是為什麼以牙還牙這麼有用。

以牙還牙策略如此成功是因為你能態度明確地釋出善意，能讓你報復，也能讓你寬恕對方。善意讓你不會進入不必要的紛爭，報復手段則會讓對方打消背叛的念頭，寬恕則可以讓雙方重啟合作，態度明確則讓對方能清楚理解你的策略，促成長期合作。

這個合作的基礎不是信任，而是關係的長度。信任一個人和有實質誘因去維持關係不同，因此以長期來說，談判各方有沒有互信並不那麼重要，真正重要的是條件是否成熟，可以讓兩方建立穩定的合作模式。

在社會困境的情況下

我們對雙邊談判的建議也可以應用在牽涉到多方的社會困境中。價格戰、廣告戰、軍備競賽等，都會被上述的因素影響。我們來檢視以下情境：

- **預算困境**：到了會計年度的尾聲，你的部門還有20%的預算沒花完。對大部分的組織來說，明年的預算會根據你今年支用的情形來決定。你的部門現在用掉愈多，未來就可能獲得更多資源。你要怎麼做？是要大灑幣，把今年的預算全部花光（甚至超支）？還是結算的時候要剩下一點錢？

- **南加州乾旱**：你住在聖塔芭芭拉的濱海社區，旱災已經持續5年了。今年的降雨量也無法解除旱災，整座城市都在自發性地節水，這些非強制性的規定包括：請居民不要澆灌草坪、花園與洗車，並減少非必要的用水。從外面看不到你家中庭的花園，這是你當初買這幢房子的一大原因。你在中庭裡種植了許多昂貴的花草，就算你澆水，也不會有人看到。你會怎麼做？你會澆水還是自發地遵守節水規範？

- **公共電視**：如果你很喜歡看公共電視頻道，他們可能會請你捐款支持。節目的價值通常比你的捐款金額要

高，所以小額捐款是很值得的。只是，光靠你一個人的捐款無法決定這個節目能不能繼續下去，其實你是依賴眾人的捐款才有優質節目可以看。如果不捐款，比較符合經濟利益，因為你可以免費看這些節目。那麼，你要不要捐款給公共電視呢？

· **點午餐時**：你和另外 6 位同事去吃午餐。服務生說，餐廳規定結帳要一起結，不能分開各自結算。你可以選擇平價的沙拉或稍微高價的牛排。你在點餐的時候會怎麼考慮呢？

以上情境的共通點，就是個人的理性行為顯然對群體來說不理性。

以預算困境為例，如果每個部門該花多少就花多少，對公司會比較好；但是每個部門卻都想要盡量多花錢，不顧慮實質的需求有多少。

對南加州的屋主也一樣，就算沒有遵守節水規範，也不會有人知道，還可以看得到美麗的花園；但是如果大家都這樣做，社區的水很快就沒了。

同樣的道理也可以應用在公共電視的捐款問題上，如果每個人都選擇對自己最有利的策略 —— 不要捐款，卻又繼續看公共電視的節目，那這個頻道很快就會停掉，觀眾就失去了優質的節目。

如果和大家去吃午餐，你覺得最後大家會平分帳單的金額，那就會想要點貴一點的菜，畢竟就算把牛排換成沙拉，整張帳單可以少 6 美元，但對你來說只省了 1 美元，為什麼要點便宜的菜去補貼別人的午餐呢？為什麼當餐廳不讓客人分開結帳的時候，平均消費都會比較高？很顯然，除非每個人都要個別為自己的餐點付費，否則就沒有必要節儉。

　　當談判所牽涉的人超過兩方的時候，因徒困境就變成了社會困境，更難讓各方合作。因為背叛的負面效果對一個人的影響比較小，超過兩人涉入的話，負面影響就會擴大。此外，人數增加的時候，背叛的匿名程度也增加了，例如不會有人知道你沒有捐款給公共電視。因此，人數增加的時候，我們會預期有更多背叛的行為發生。

　　儘管邏輯上是如此，可是在許多社會困境裡，合作的程度卻很高。這是為什麼？其中一個原因是，很多人相信合作才是對的。如果你有機會和別人談一談社會困境，合作起來會更棒！

　　很容易就能看出，在多數競爭的問題裡並沒有簡單的答案。簡單的答案往往會升高衝突，因為談判的各方沒有停下來想一想對方的反應。你永遠都會發現有些人寧可背叛也不要合作。儘管如此，我們所討論的策略可以增加你獲得解決困境的合作機會。

再探哩程酬賓方案

我們在第一章曾經簡短地介紹了哩程酬賓戰的背景。現在我們知道，這場戰爭可以歸類為社會困境。每家航空公司都有宣傳自己服務的誘因，但是以整個產業來說，所有航空公司都沒賺到錢。這些航空公司沒想著要怎麼解決這個社會困境，反而還升高了衝突。你現在更清楚在哩程酬賓戰中可以怎麼理性談判了。讓我們再來回頭看看這個例子。

本書的一個中心主題是，主事者在談判時因為常見的錯誤心理認知，導致無法理性行動，因此你需要監控你自己的決定，檢查有沒有發生偏誤，並預期對手的決策也會受到偏誤觀念所影響。這些常見的偏誤觀念使整個航空產業積欠了120億美元的債款。若要簡單評估，這可以說是失控的向上螺旋。每家公司都想要提供最好的方案，可是當他們持續提升品質的時候，這些酬賓方案的成本卻遠超過了價值。這些航空公司都問錯問題了。他們只問要怎麼增加市場占有率，但他們真正該問的問題其實是要如何增加獲利能力。

另一個關鍵的偏誤是，航空公司沒有考慮對手的決定。達美航空在1987年12月15日宣布哩程三倍送，如果他們有考慮到對手可能會有的反應，就會知道其他航空公司可能會加碼，也跟著祭出三倍送的優惠；但達美航空偏偏沒有考慮到對手，於是他們的行銷部門便覺得哩程三倍送可以吸引更

多乘客。結果每家航空公司都跟著加碼，也都承受了鉅額的財務損失。

　　這全都是達美航空的錯嗎？當然不是！所有大型航空公司都有錯。他們都沒想到在宣布哩程三倍送之前，先想想達美航空的決定。他們可以記取汽車產業補貼戰的教訓，效法克萊斯勒的執行長艾科卡，但卻沒有人這麼做。只要有任何一家航空公司向媒體宣布自己要退出戰局，但如果有人要加碼就絕對奉陪到底，就可以消除達美航空推出三倍哩程優惠的動機了；但是他們都忙著想自己的決策，沒顧慮到對手的決定。

　　我們和參與過哩程酬賓方案的航空公司高階主管談過。這些討論中最奇妙的地方在於，這些主管會長篇大論地解釋該方案對招睞忠實顧客的效果有多麼美好，卻看不出顧客若對別家航空公司忠誠，會對自己產生實質上的問題。他們也完全沒把重點放在高額債務上，這些主管只想要合理化自己的失敗行動。為什麼？因為他們態度偏誤，以致沒有看出這起導致數億元損失的事件，其實是一連串不理性的決策所造成的。他們無法承認錯誤，也無法從過去中學習，更無法替未來發展出理性的策略。

　　這些航空公司沒能看清楚股東真正的目標——賺錢。他們一錯再錯地認為問題是要如何打敗對手。很遺憾地，最後他們擊倒彼此，乘客則可以獲得價值數億美元的免費航程。

航空公司沒有發現，其實飛航乘客的數量很固定，如果要和對手在酬賓方案拚個死活，得利的只有乘客，沒有航空公司能贏。美國航空在打造酬賓方案的時候就應該想到對手會跟進，達美航空在替乘客累積三倍哩程的時候也應該想到其他航空公司會仿效，所有的航空公司都應該要考慮如何應對其他公司的決策。

結論

本章針對社會困境所討論的許多策略，都可以幫助這些航空公司。每一家航空公司都沒有真正討論過產業內競爭的問題，他們大可以採取合作的方式，讓大家都受惠。如果他們都降低或減少酬賓方案的成本，他們會發現更互惠的整合性共識。至於現在，就讓乘客繼續搭乘航空公司不理性提供的免費航程吧。

Chapter 18 | 在不理性的世界 進行理性談判

我們已經讓你知道了理性談判的基礎框架。光是讀到了這麼多該避免的錯誤,並學會檢查理性思考的架構,就已經能讓你成為更優秀的談判人員了。儘管我們很希望在最後提供大家一些簡單的規則,可以應用在未來的談判中,但是你應該也已經理解了談判很複雜,不可能有簡單的結論。每一場談判都需要根據談判的屬性仔細評估。當然,每一場談判都需要理性分析。

最能保證你更理性談判的方法,就是做足準備。你可以在談判前問自己一些問題,讓你謹慎且系統性地思考這場談判,減少會影響你判斷的偏誤觀念。此外,謹慎的準備也可以檢視自己還缺少哪些資訊,並在談判過程中盡量收集。充分準備也可以幫助你分辨協議的好壞,讓你更能預期談判將會如何開展,以能理性地回應。

儘管你必須在看到對手會如何行動之前就做好準備,但這不代表你在準備過程中要忽略對方或他們對談判的影響。預測對手在你提案之後會如何反應,在談判中相當關鍵。當

然，你可能希望會碰到一個讀過本書的對手，他也想要達成最好的協議。但如果你沒有那麼幸運該怎麼辦？如果你必須要和一個來自地獄的對手談判該怎麼辦？要是對手毫不理性、針鋒相對，而且腦中只有分配思維又該怎麼辦？這本書的建議還有用嗎？答案是：「有用。」我必須再提醒一次，我們的建議不保證會讓你取得成功，但是能夠讓你在面對任何對手時，有最大的機會可以達成最好的結果。

許多談判中最嚴重的錯誤都不是因為答錯了問題，而是因為沒有問對問題。本書迄今所探討的重點，就是你在談判中應該要問的問題。

在談判中可以幫助你迴避常見錯誤的七大問題

務必謹慎地分析、評估你的決策流程，減少偏誤觀念的影響，所以要問自己：

1. 你在談判中展開的行動，是不是只是為了要合理化之前的決定？
2. 你是不是認為對你好的必然對對方不好，對對方好的就對你不好？
3. 談判初期錨定的價格，是否對你產生不理性的影響？

4. 有沒有另一個框架，可以讓你用不同的觀點來看這場談判？

5. 你有沒有受到現有資訊的影響，而忽略了其他雖有根據但是較難取得的資訊？

6. 你有沒有充分地思考過對手的決策？

7. 你是不是對自己不可靠的判斷太有信心了？

檢視自己的決定有沒有發生這些錯誤，就能大幅增加自己不受偏誤影響的機率。

預期對方的決策和行為也一樣關鍵。因此，你應該要運用上述問題去預測對手的行為。不理性的對手比較可能會升高衝突，陷入定量大餅迷思，堅持自己的錨點，採取受限的框架，運用有限的資訊，忽略你的觀點，並且在談判中過度自信。如果你能提早發現這些偏誤觀念所產生的影響，就更知道要怎麼反制對手的不理性。你也可以決定在什麼時候要離開談判桌，不要接受對手不理性的要求。切記：要對方「點頭」不見得永遠都是理性的。

可以幫助你建構理性談判的三大問題

談判中也別忘了理性思考的重要步驟。最重要的三個步

驟就是在每次談判前問自己以下幾個好問題：

問題一：你的底價是什麼？

在任何談判開始之前，先想想你的「談判協議最佳替代方案」，建立你的保留價格。此外，每次都要思考可以如何在談判前增加選項，以提升保留價格。

問題二：你的利益是什麼？

一定要先搞清楚立場之下的真實利益，對每一項利益都愈清楚愈好，在列出時愈完整愈好。

問題三：談判中各議題對你的相對重要性為何？

只有當你清楚每個議題的相對重要性，才能系統化地想清楚要怎麼交換利益，創造每一方都能有收穫的結果。

運用上述問題去思考對手會怎麼做也很重要。不管對手是否理性，你都必須思考他們的底價、利益和各議題對他們的重要性。這些問題的答案會讓你知道還需要從對手那裡獲得哪些資訊。你必須知道對手的底價才能找到議價區間，以能在談判中做出分配式的分析。想清楚對手的利益和議題的重要性，可以協助你找出最理想的交換方式。

如果對手威脅要破局呢？如果他們做出不合理的要求

呢？談判中經常碰到這種難題。很多人回應的方式是立刻靠直覺下判斷——不是對不理性的對手讓步就是離開談判桌。但是理性談判能夠讓你了解對手，訂定讓你在這個情況下能夠獲得最大利益的策略。

智囊團與協議過程

你做足了準備後進入談判會場。你準備好要理性談判了。談判開始了。你的準備工作結束了，對吧？錯！談判過程本身就能提供很豐沛的資訊，讓你能更新自己的理性談判策略。不要過分堅持一開始的策略，而不理性地加碼。你應該把每次休息的時間，視為重新評估、整合新資訊，並重新擬定策略的機會。

常見的談判戰術是逼迫對手當下就要做出決定，害他們只能臨場反應，左支右絀。如果你還沒有運用理性思維找出下一步，這個時候就要防守，休息一下，和你的智囊團開會討論下一步。暫停或聯繫智囊團，勝過脫口說出任何不利己的話，被對手用來牽制你。

你的談判準備，包括在談判或是和智囊團會商的過程中，不斷更新、重新評估資訊，你必須在走入談判會場前知道自己不知道什麼，利用談判過程來填補資訊的缺漏。在最近的

互動中你有沒有獲得新的資訊，讓你能夠調整對手的底價、利益或各個議題對他的重要性？你是否更新了對議價區間的評估？你現在應該往哪裡尋找交換的條件？持續地重新評估，對理性談判非常重要。

　　一旦達成協議，你就應該評估這項協議，並尋找協議後協議。對雙方來說，是否可能還有更好的協議？有沒有可能獲得更好的價格？如果要承擔風險找到更好的價格，是否值得？這些問題的答案可以讓你改變協議，或至少提供你一些有用的經驗教訓，可以應用在未來的談判上。

最後的提醒

　　一本書的最後以問題作為結尾是很奇怪，不過在這裡卻很適合，因為談判沒有簡單的答案，只有一連串可以引導你理性談判的問題。你可以大幅增加自己談判的能力，只要：

・審查自己的決策流程；
・主動思考對方的決策流程；
・對你的底價、利益和議題的相對重要性，做出最好的評估；
・將談判過程視為收集與更新資訊的機會。

所以，你現在可以在每一場談判中達成理想的協議了嗎？你可以完全卸下不理性談判人員的武裝，讓他們恢復理智了嗎？或許不行！但你從第一章就知道這一點了。你能做的是增加自己談出好結果的機會——就是靠理性談判。

　　沒有一套簡單的規則可以適用於所有的談判場合。任何做出這種保證的書就犯下了過度自信的錯誤。但當你配備了我們的指南，你就能夠擁有信心，因為你知道該怎麼理性談判。我們能做的保證就是讓你增加盡力表現的機會。所以，昂首闊步地去談判吧！

致　謝

　　我們發展談判中的理性思考框架已經超過十年時間了，霍華·瑞發、丹尼爾·康納曼和阿莫斯·特沃斯基的研究與著作，在這段過程中為我們提供了指引。我們難以細數研究中有多少是受到他們的影響，如今他們的思想已經與我們的想法交織在一起，我們甚至常常都沒有意識到他們無與倫比的貢獻。

　　Jeanne Brett、Jack Brittain、John Carroll、Tina Diekmann、Vandra Huber、George Loewenstein、Beta Mannix、Keith Murnighan、Greg Northcraft、Robin Pinkley、Jeff Polzer、Harris Sondak、Leigh Thompson、Tom Tripp、Kathleen Valley 以及 Sally White 對本書各處都影響至深，他們不吝分享自己的想法，讓我們的研究得以成形，並讓我們的視野更為廣闊。

　　我們也要對協助創造談判領域的諸多學者致上謝意，包括：Richard Walton 和 Robert McKersie 的永恆經典，以及 Tom Kochan、Harry Katz、Roy Lewicki、Dean Pruitt、Larry Susskind 和 Jeff Rubin 等人的近期著作。

　　本書的每一句、每一段和每一章文字，我們都不知道重寫過幾遍。作者對編輯會怎麼對待他們的想法往往都會

很煩躁，但是我們與編輯的合作經驗卻十分愉快。Claire Buisseret、Bob Wallace、Nancy Vergara、Val Poirier，特別是 Pam Jiranek 和 John Lavine，我們每次都很高興地在他們處理過的稿件上，看到我們的想法能夠有更好的表述方式。編輯是一種非常重要的天賦，身邊有這麼多優秀的編輯實在是我們的幸運。此外，本書第二部分的製藥業案例，也要感謝 Gene Watkins、Jon Tanja 和 Ed Zajac 所提供的專業意見。

許多優秀的機構也支助了我們的研究計畫。西北大學凱洛格商學院是研究談判主題的最佳場所，Jeanne Brett 對談判的興趣、Donald Jacobs 院長的支持、許許多多的研究生，以及惠普基金會所贊助的爭議解決中心（Dispute Resolution Research Center）的成立，都讓凱洛格商學院成為獨一無二的學術環境。此外，我們在凱洛格商學院所教授過的上萬名 MBA 和企業主管學生，都讓我們的建議更加明晰。由 John Lavine 所領導的西北大學報紙管理中心（Newspaper Management Center）的支持，也讓我們有機會發展我們的案例與想法。

我們的研究也要感謝捷伯榮譽教授（J. Jay Gerber Distinguished Professor）和凱洛格榮譽教授（J. L. Kellogg Distinguished Professorship）的職位援助，以及國家科學基金會、國家爭議解決研究院、西北大學研究資助委員會、亞利桑那艾勒私人市場經濟研究中心（Eller Center for the

Study of the Private Market Economy）的支持。本書的寫作從貝澤曼還是行為科學高等研究中心研究員時就已經開始，羅素‧塞奇基金會（Russell Sage Foundation）和國家科學基金會也贊助了他的部分研究。

　　最後，要特別感謝我們的同事，他們在本書成形的過程中，對我們在談判上的觀點持續地提出許多建設性的批判。我們研究認知與理性談判的團隊也實在太棒了，我們無法對他們再要求更多了。Beta Mannix、Greg Northcraft、Leigh Thompson、Kathleen Valley 以及 Sally White，謹致上我們由衷的感激。

圖表與案例出處

特別感謝以下作者與出版社同意本書引用其圖表與案例：

頁 34-35：用四條直線穿過九個點的圖樣。Max H. Bazerman, *Judgment in Managerial Decision Making*, 84-85. Copyright © 1990 John Wiley & Sons, Inc. Reprinted by permission of John Wiley & Sons, Inc.

頁 44：八大會計師事務所的評估案例。Edward J. Joyce and Gary C. Biddle, "Anchoring and Adjustment in Probabilistic Inference," *Journal of Accounting Research*(Spring, 1981), 123. Copyright © 1981 University of Chicago Press.

頁 47：圖表 4-1。G. B. Northcraft and Margaret A. Neale, "Experts, Amateurs, and Real Estate: An Anchoring and Adjustment Perspective on Property Pricing Decisions," *Organizational Behavior and Human Decision Processes*, 39 (1987), by permission of Academic Press.

頁 54-55：亞洲傳染病案例。A. Tversky and D. Kahneman, "The Framing of Decisions and the Psychology of Choice," *Science*, 411: 40 (1981), 453-463. Copyright © 1981 by the American Association for the Advancement of Science.

頁 59：圖表 5-1。D. Kahneman, J. L. Knetsch, and R. Thaler, "Experimental Tests of the Endowment Effect and the Coase Theorem," *Journal of Political Economy*, 98: 6 (1990), 1325-1348. Copyright © 1990 University of Chicago Press.

頁 78：圖表 7-1。W. Samuelson and M. H. Bazerman, "Negotiation Under the Winner's Curse," in V. Smith, ed., *Research in Experimental Economics*, vol. 3 (Green, Conn.: JAI Press, 1985).

頁 153：圖表 12-1。S. Ball, M. H. Bazerman, and J. S. Carroll, "An Evaluation of Learning in the Bilateral Winner's Curse,"*Organizational Behavior and Human Decision Processes*, 48 (1991), by permission of Academic Press.

頁 164-165：《紐約時報雜誌》所收錄，對俄國的描繪。
Hedrick Smith, "The Russian Character," *New York Times Magazine*, October 28, 1990 (pp. 31-71).

頁 211：圖表 16-1。M. H. Bazerman and W. F. Samuelson, "I Won the Auction but Don't Want the Prize," *Journal of Conflict Resolution*, 27, 618-634. Copyright © 1983 by Sage Publications, Inc. Reprinted by permission of Sage Publications, Inc.

www.booklife.com.tw　　　　　　　　　reader@mail.eurasian.com.tw

商戰 203

頂尖名校必修的理性談判課
哈佛、華頓商學院、MIT指定閱讀，提高人生勝率的經典指南

作　　者／麥斯‧貝澤曼（Max H. Bazerman）、瑪格里特‧妮爾（Margaret Neale）
譯　　者／葉妍伶
發 行 人／簡志忠
出 版 者／先覺出版股份有限公司
地　　址／台北市南京東路四段50號6樓之1
電　　話／（02）2579-6600‧2579-8800‧2570-3939
傳　　真／（02）2579-0338‧2577-3220‧2570-3636
總 編 輯／陳秋月
資深主編／李宛蓁
責任編輯／蔡忠穎
校　　對／蔡忠穎‧李宛蓁
美術編輯／林韋伶
行銷企畫／詹怡慧‧黃惟儂
印務統籌／劉鳳剛‧高榮祥
監　　印／高榮祥
排　　版／陳采淇
經 銷 商／叩應股份有限公司
郵撥帳號／18707239
法律顧問／圓神出版事業機構法律顧問　蕭雄淋律師
印　　刷／祥峰印刷廠
2020年7月 初版
2023年4月 3刷

NEGOTIATING RATIONALLY by Max H. Bazerman and Margaret Neale
Copyright © 1992 by Max H. Bazerman and Margaret Neale
Complex Chinese edition copyright © 2020 by Prophet Press, an imprint of
Eurasian Publishing Group
Published by arrangement with the original publisher, Free Press, a Division of
Simon & Schuster, Inc., through Andrew Nurnberg Associates International Ltd.
ALL RIGHTS RESERVED

專家難免跌跤，新手也能成功。

在談判中，徹底成功不是個合理的目標。

你的目標應該是鍛鍊自己的能力，

讓自己在多數時間裡都能做出更好的決定。

——《頂尖名校必修的理性談判課》

◆ **很喜歡這本書，很想要分享**

圓神書活網線上提供團購優惠，

或洽讀者服務部 02-2579-6600。

◆ **美好生活的提案家，期待為您服務**

圓神書活網 www.Booklife.com.tw

非會員歡迎體驗優惠，會員獨享累計福利！

國家圖書館出版品預行編目資料

頂尖名校必修的理性談判課：哈佛、華頓商學院、MIT 指定閱讀，提高人
生勝率的經典指南／麥斯・貝澤曼（Max H. Bazerman）、瑪格里特・妮爾
（Margaret Neale）著；葉妍伶譯--初版.--臺北市；先覺，2020.07
256面；14.8 X 20.8公分.--（商戰系列；203）
譯自：Negotiating Rationally
ISBN 978-986-134-360-0（平裝）
1.談判　2.商業談判
490.17　　　　　　　　　　　　　　　　　　　　109006911